V. 2214.
4.

205él

LEÇONS ÉLÉMENTAIRES D'OPTIQUE.

Par M. l'Abbé DE LA CAILLE, de l'Académie Royale des Sciences, de celles de Pruſſe, de Suede, & de l'Inſtitut de Bologne ; Profeſſeur de Mathématiques au College Mazarin.

Nouvelle Edition, revûe, corrigée & augmentée.

À PARIS,

Chez H. L. GUERIN & L. F. DELATOUR, rue S. Jacques, à S. Thomas d'Aquin.

M. DCC. LVI.

Avec Approbation & Privilége du Roi.

AVERTISSEMENT.

L'Optique est celle des Sciences Physico-mathématiques dont plus de personnes sont à portée de reconnoître l'utilité & les agrémens. Dans tous les états de la vie & de la société, on a si souvent occasion d'admirer le jeu merveilleux de la lumiere, l'importance & la réalité des secours que nous procurent les instrumens d'Optique, pour étendre notre vûe, & pour suppléer à ses défauts, que le plus stupide ne peut s'empêcher de témoigner le regret qu'il a de ne pouvoir connoître les raisons de tant d'effets, si variés, si frappans, d'une utilité si palpable & si immense.

Ma profession m'impose le devoir d'expliquer les principales parties des Mathématiques ; mais l'usage & la forme de mes exercices m'obligent de m'en tenir aux principes seulement. J'ai donc tâché de mettre ici tous ceux qui sont absolument nécessaires ; j'ai évité les discussions Physiques, les descriptions des instrumens & des machines, & tous les autres détails qui n'appartiennent proprement qu'à la Physique expérimentale.

J'ai ajouté dans cette Édition un Traité de Perspective. Nous avons sur cette partie de l'Optique un bien plus grand nombre de livres que sur toutes les autres, mais aucun que je sache n'en renferme les principes d'une maniere assez générale. On ne trouve communément que des pratiques vagues, obscurément énoncées, sans ordre & sans démonstration. Les explications des principes que je donne dans celui-ci, & les méthodes de pratique que j'y rapporte, sont dans un style un peu moins serré que celui dont je me sers ordinairement, parce qu'il ne s'agit pas dans ce Traité d'une théorie qu'on puisse développer dans des Leçons, & se rendre familiere par la réflexion & par l'étude; mais d'un Art qui demande un long exercice de la regle & du compas, guidés par une méthode qui ne soit susceptible d'aucun cas embarassant.

LEÇONS
ÉLÉMENTAIRES
D'OPTIQUE.

1. L'OPTIQUE eft une fcience Phyfico-ma-thématique, qui traite de la Lumiere & de la Vifion.

2. La lumiere peut venir de l'objet à l'œil en trois maniéres, 1°. ou directement, & fans aucun détour, 2°. ou après s'être brifée ou réfractée, 3°. ou après s'être réfléchie. On appelle *Optique proprement dite*, la partie qui traite de la Vifion faite par une lumiere venue directement. On appelle *Dioptrique*, la partie qui traite de la Vifion faite par une lumiere réfractée ou brifée, & *Catoptrique*, la partie qui traite de la Vifion faite par une lumiere réfléchie.

3. *La Perfpective* eft encore une fcience optique. C'eft l'art de repréfenter fur une furface donnée les objets tels qu'ils paroiffent, étant vûs d'un point donné

4. On appelle *milieu*, un efpace que la lumiere doit tra-verfer. Cet efpace peut être ou abfolument vuide, ou rem-pli d'une matiere de telle nature, qu'elle n'apporte aucun obftacle au mouvement de la lumiere; & alors on l'appelle un *milieu libre* ; ou bien il peut être rempli de quelque matiére au travers de laquelle la lumiere puiffe paffer avec.

A

plus ou moins de facilité, & alors on l'appelle un *milieu diaphane*. Si cette matiére est par-tout la même, on l'appelle *milieu homogéne* ; si cette matiére est composée de parties de différente nature on l'appelle *milieu hétérogéne*.

Un milieu diaphane est plus ou moins *dense*, selon qu'il contient, sous un même volume, plus ou moins de matiére capable d'arrêter ou de détourner la lumiere.

PREMIERE PARTIE.

De l'Optique proprement dite.

ARTICLE PREMIER.

Des Principes sur lesquels les démonstrations de l'Optique sont fondées.

5. **L**ES Principes qui servent de fondement à l'Optique ne se tirent que de l'expérience. Ce sont des faits dont tous les Physiciens conviennent. On peut les déduire tous en examinant les circonstances de l'Expérience suivante. Fermez une chambre de tous côtés, de sorte que la lumiere n'y puisse entrer par aucune ouverture, si ce n'est par un très-petit trou. Alors, si le tems est serein, vous verrez sur les murs de la chambre (que je suppose polis & blanchis) tous les objets de dehors exposés à ce trou , peints avec toutes leurs couleurs (quoique foibles). Les peintures des objets fixes , comme des arbres, des maisons, paroîtront fixes. Celles des objets en mouvement , comme des hommes , des chevaux , paroîtront en mouvement. Il est vrai que tout paroîtra dans une situation renversée, ce qui vient de ce que les rayons de lumiére se croisent en passant par le petit trou , comme on l'expliquera plus au long dans la

Dioptrique & la Catoptrique. Si le Soleil donne sur le trou, on verra un rayon lumineux qui ira en ligne droite se terminer sur la muraille, ou sur le plancher. Si on met l'œil sur ce rayon, on verra que l'œil, le trou & le soleil sont dans une même ligne droite : il en est de même des autres objets peints dans la chambre. Les images des objets reçus sur un même plan sont d'autant plus petites que les objets sont plus éloignés du trou. Nous examinerons dans la suite les autres circonstances de cette expérience qui représente ce qui se passe dans notre œil, lorsque nous voyons les objets qui nous environnent ; en attendant, on en peut déduire les faits suivants.

6. I. *La Lumiere tend toujours à aller en ligne droite.*

7. II. *Un point quelconque d'un objet lumineux, peut être vû de tous les lieux auxquels une droite tirée de ce point peut aboutir sans rencontrer d'obstacle.* Puisque la peinture d'un objet en mouvement est toujours visible dans la chambre obscure, tant que l'objet est exposé au trou.

8. III. Il suit de là qu'*un point lumineux envoye de la lumiere en tout sens. Il est le centre d'une sphere de lumiere qui s'étend indéfiniment de tous côtés.* Et si on conçoit que quelques-uns de ces rayons de lumiere soient interceptés par un plan, le point lumineux devient le sommet d'une pyramide de lumiere, dont le corps est formé par l'amas de ces rayons, & dont la base est le plan qui les arrête.

9. IV. L'image de la surface d'un objet qui se peint sur la muraille, est aussi la base d'une pyramide de lumiere dont le sommet est au trou de la chambre obscure : les rayons qui forment cette pyramide en forment une autre semblable, & opposée en se croisant dans le trou qui en est le sommet, & la surface de l'objet en est la base.

10. V. *Les particules de lumiere sont extrêmement fines :* puisque les rayons qui viennent de chacun des points visibles de tous les objets exposés au trou de la chambre obscure, passent par une ouverture extrêmement petite, sans s'embarrasser sensiblement ni se confondre.

ARTICLE II.

Des propriétés générales de la Lumiere.

11. I. Prop. *Dans un milieu libre la force & l'intensité de la lumiere qui se propage par des rayons paralleles, sont toûjours constantes.*

Car dans un milieu libre, il n'y a rien qui fasse obstacle au mouvement de la lumiere, rien qui l'empêche d'agir de la même maniere; rien qui diminue sa vîtesse, ni qui change sa direction.

12. II. Prop. *Dans un milieu libre, la force & l'intensité de la lumiere qui se propage par des rayons qui partent d'un même point, ou qui concourent en un même point, sont en raison inverse des quarrés des distances à ce point.*

Car les écarts de deux rayons de lumiere qui partent d'un même point, sont toujours proportionnels à leurs distances à ce point, (puisque les écarts de deux mêmes rayons forment des bases paralleles de triangles isosceles, dont ces deux rayons sont les côtés). Supposons donc qu'ayant intercepté d'abord par un plan un certain nombre de ces rayons à une certaine distance du point de réunion, on recule ensuite ce plan à une distance double, puis triple, quadruple, &c. Les écarts des rayons seront entr'eux comme 1, 2, 3, 4, &c. (qui est le rapport des distances au point de réunion), & chaque dimension de la base de chaque pyramide lumineuse qu'on formera ainsi successivement, sera dans le même rapport. Donc (Elem. 608.) les surfaces de chacune de ces bases seront comme 1, 4, 9, 16, &c. De sorte que le même nombre de rayons se trouvant distribué successivement sur des surfaces qui sont entr'elles comme les quarrés des distances au point de concours des rayons, la force de la lumiere qu'ils formeront diminuera dans la même proportion. Car en prenant sur la surface de chacune de ces bases une aire égale à la surface de la premiere base, on voit que la quantité de lumiere sur cette aire ou portion prise dans la seconde base, n'est que le quart de ce qu'elle étoit sur la premiere base : elle n'est que le neuvieme sur la troisieme base, & le seizieme sur la quatrieme, &c.

13. D'où on voit qu'à mesure que la lumiere s'écarte d'un point lumineux, sa force suit cette serie $1, \frac{1}{4}, \frac{1}{9}, \frac{1}{16}, \frac{1}{25}$, &c.

14. REM. Quoique la force de la lumiere décroisse aussi rapidement en s'éloignant de son origine, cependant *l'éclat d'un même corps lumineux vû à une distance quelconque dans un milieu parfaitement libre, & avec une même ouverture de prunelle, est constant.* Car cet éclat dépend de la densité des rayons qui forment l'image dans l'œil, comme on l'expliquera dans l'Article IV. suivant. Or si ayant placé l'œil à une certaine distance de l'objet, on le place ensuite à une distance double, l'image, dans ce second cas, occupe dans le fond de l'œil un espace qui n'a plus que la moitié de la longueur & de la largeur de celui qu'occupoit la premiere image,& qui n'en est par conséquent que le quart : mais aussi l'œil ne reçoit plus que le quart de la lumiere qu'il recevoit dans le premier cas. Donc les rayons de lumiére sont aussi denses dans cette seconde image que dans la premiere; donc l'éclat de l'objet est le même.

15. Il est vrai que selon l'expérience, les mêmes objets paroissent d'autant plus obscurs qu'ils sont plus éloignés, & qu'enfin ils cessent d'être visibles; mais ils ne deviennent obscurs que parce que nous ne pouvons voir les objets qu'au travers de l'air, qui est un milieu assez dense, surtout vers la surface de la terre, & qui fait dissiper une quantité prodigieuse de rayons dans l'intervalle de l'objet à notre œil; puisque, selon les expériences & les calculs de M. Bouguer, 189 toises d'intervalle horizontal, qui font $\frac{1}{12}$ de lieue commune, font perdre la 100e partie de la lumiere, & 7469 toises ou 3 lieues $\frac{1}{4}$, en dissipent le tiers. (Essai d'Opt. pag. 76. & 80.) Et ils ne cessent d'être visibles que parce que les images en diminuant de grandeur,

ébranlent un moindre nombre de filets nerveux de l'œil, & qu'enfin elles deviennent trop petites pour faire une impreſſion ſenſible.

16. III. PROP. *La denſité d'un milieu diaphane, uniformément denſe, fait décroître ſelon une progreſſion géométrique l'intenſité de la lumiere qui ſe propage par des rayons quelconques.*

DEM. Suppoſons que la denſité uniforme d'un milieu, par exemple, d'un morceau de glace, conſiſte en ce que le nombre des petites parties ſolides de cette glace, qui arrêtent la lumiére au paſſage, faſſe la $\frac{1}{n}$ eme partie du volume de la glace. Suppoſons encore que cette glace ſoit diviſée dans ſon épaiſſeur en tranches égales chacune en épaiſſeur au diamétre de ces parties ſolides, que je ſuppoſe égales entr'elles, il eſt clair que ſi un faiſceau de rayons de lumiere diſpoſés comme on voudra & appellés 1, vient à tomber ſur cette glace, la $\frac{1}{n}$ eme partie de ces rayons ſera arrêtée au paſſage de la premiere tranche, de ſorte qu'il n'en ſortira que $1 - \frac{1}{n}$ ou $\frac{n-1}{n}$, & parce que la ſeconde tranche eſt homogêne & égale à la premiere, elle arrêtera de même la $\frac{1}{n}$ eme partie des rayons qui s'y préſenteront, c'eſt-à-dire, de $\frac{n-1}{n}$; laquelle partie eſt $\frac{n-1}{nn}$: donc il n'en ſortira que $\frac{n-1}{n} - \frac{n+1}{nn} = \frac{nn-2n+1}{nn}$ $= \frac{(n-1)^2}{n^2}$: on prouvera de même qu'il ne ſortira de la troiſieme tranche que $\frac{(n-1)^3}{n^3}$, de la quatrieme que $\frac{(n-1)^4}{n^4}$, &c. ce qui eſt évidemment en progreſſion géometrique.

17. IV. PROP. *Dans un milieu diaphane & d'une denſité uniforme, l'intenſité de la lumiére qui diverge d'un point lumineux pris dans ce milieu, décroît ſelon cette ſerie,* $\frac{n-1}{n}$, $\frac{(n-1)^2}{4n^2}$,

$\frac{(n-1)^3}{9n^3}$, $\frac{(n-1)^4}{16n^4}$, $\frac{(n-1)^5}{25n^5}$, &c. dans laquelle n exprime la portion des rayons de lumiere que la densité du milieu arrête à chaque intervalle égal des distances au point lumineux.

Car (13) au bout de chaque intervalle égal de distance en vertu de la divergence, l'intensité de la lumiére est comme 1, $\frac{1}{4}$, $\frac{1}{9}$, $\frac{1}{16}$, $\frac{1}{25}$, &c. & en vertu de la densité uniforme du milieu, elle est comme $\frac{n-1}{n}$, $\frac{(n-1)^2}{n^2}$, $\frac{(n-1)^3}{n^3}$, $\frac{(n-1)^4}{n^4}$, &c.

18. Par exemple, de ce que à 189 toises de distance, la lumiére perd $\frac{1}{100}$ de ses rayons, à cause de la densité de l'air, il suit que l'intensité de la lumiere par laquelle on voit un objet à $\frac{1}{12}$ de lieue de distance, est à celle par laquelle on le voit à $\frac{1}{3}$ de lieue ou à 756 toises de distance, réciproquement comme $\frac{96\dots99601}{1600000000}$ à $\frac{99}{100}$, ou à très-peu près, comme 33 à 2.

19. Rem. I. Comme la lumiere qui nous vient des astres traverse l'atmosphere d'air qui environne la terre de toutes parts, il s'en perd d'autant plus de rayons, que cette lumiere doit faire un plus long trajet dans cet atmosphere : or ce trajet est d'autant plus long, que le rayon vient plus obliquement à nous. Soit ABC, (Fig. 1.) un arc de la circonférence de la terre, abc un arc concentrique, qui est l'extrémité de l'atmosphere d'air, lequel ne s'étend guère que de quelques lieues au-dessus de nous. Soit DB un rayon de lumiere qui vient du Zénith perpendiculairement à l'horizon d'un observateur placé en B. Soit EB, un rayon qui vient obliquement, & FB un rayon qui vient horizontalement ; on voit évidemment que celui qui vient perpendiculairement n'a précisément que l'épaisseur bB de l'atmosphere à traverser ; que le rayon oblique EB en a une portion GB plus grande que bB, mais que le rayon horizontal FB a le plus grand trajet HB à faire : d'où il suit que la lumiere des astres est la plus foible, lorsqu'ils paroissent à l'horizon ; qu'elle augmente à mesure qu'ils s'élevent au-dessus de l'horizon, & qu'elle est la plus vive lorsqu'ils passent au Zénith.

20. Par un calcul fondé fur fes expériences, M. Bouguer trouve que de 10000 rayons qui partant d'un aftre viendroient jufqu'à notre œil, s'ils ne rencontroient pas notre atmofphere, il n'y en arrive réellement qu'autant qu'il eft marqué dans la Table fuivante.

Dégrés de hauteur apparente.	Nombre des Rayons	Dégrés de hauteur apparente.	Nombre des Rayons.	Dégrés de hauteur apparente.	Nombre des Rayons.
0	5	8	2423	30	6613
1	47	9	2797	35	6963
2	192	10	3149	40	7237
3	454	11	3472	50	7624
4	802	12	3773	60	7866
5	1201	15	4551	70	8016
6	1616	20	5474	80	8098
7	2031	25	6136	90	8123

21. REM. II. M. Bouguer a fait voir par des expériences, I°. que *la lumiere du Soleil eft environ trois cens mille fois plus forte que celle de la Lune lorfqu'elle eft pleine, & qu'elle eft au milieu entre fa plus grande & fa plus petite diftance de la Terre.* II°. *Que la lumiére du Soleil n'eft plus fenfible, lorfqu'elle eft diminuée* 1000000000000 *fois ;* en forte qu'un corps eft véritablement opaque, lorfqu'il ne laiffe paffer que la 1000000000000ᵐᵉ partie de la lumiere du Soleil.

22. REM. III. Une autre propriété de la lumiere que les obfervations aftronomiques ont fait connoître, c'eft que *la propagation de la lumiere fe fait avec une extrême vîteffe, en forte qu'elle n'eft qu'environ 8 minutes de tems à venir du Soleil jufqu'à nous,* c'eft-à-dire, à parcourir 27500000 lieues : d'où il fuit que nous ne voyons prefque jamais rien dans le ciel qui foit actuellement dans fon vrai lieu ; parce que chaque aftre avance dans fon orbite pendant le tems que la lumiere qu'il nous envoye, parcourt l'efpace compris entre lui & notre œil. Et parce que notre œil eft lui-même entraîné par la révolution de la terre autour du Soleil, il en arrive

une complication d'apparences, qui nous font rapporter les aftres ailleurs qu'à l'endroit où ils font réellement. Le détail de ces effets fait l'objet d'une partie confidérable de l'Aftronomie moderne. On l'appelle *la Théorie de l'aberration de la lumiere*.

23. V. Prop. *Si les rayons de lumiere partant d'un point, paffent par un trou dans une chambre obfcure, & font reçus fur un plan parallele à celui du trou, ils formeront fur ce plan une figure femblable à celle du trou, d'autant plus grande qu'elle fera plus éloignée du trou.*

Car alors le point lumineux eft le fommet d'une pyramide de lumiere dont les faces font déterminées par les rayons qui rafent les côtés du trou, & dont la bafe eft la furface du trou, au-delà de ce trou les rayons vont encore en s'écartant de plus en plus en dedans de la chambre obfcure : fi donc on les reçoit fur un plan parallele à ce trou, on coupe alors la Pyramide ainfi prolongée par un plan parallele à fa bafe, & par conféquent la figure lumineufe fera femblable à celle du trou, & d'autant plus grande qu'elle en fera plus éloignée.

24. Il eft clair par la nature de la pyramide, que fi on préfente le plan obliquement à celui du trou, la figure lumineufe doit avoir autant de côtés que le trou, mais elle ne doit pas lui être femblable, elle doit être plus allongée.

25. On voit encore que cette figure lumineufe n'eft autre chofe qu'un amas d'autant d'images du point lumineux, qu'il y a de points dans la furface du trou.

26. VI. Prop. *Lorfque la lumiere du Soleil ou de la pleine Lune paffe par un petit trou d'une figure quelconque, fi on la reçoit fur un plan parallele à celui du trou & fort proche, on aura une figure lumineufe femblable à celle du trou; mais fi on la reçoit à une diftance confidérable, on aura une figure lumineufe fenfiblement circulaire.*

Car la furface du trou eft compofée d'une infinité de points qui font comme autant de petits trous contigus, par chacun defquels paffent des rayons de lumiere qui viennent de tous les points du difque du Soleil. Chaque point de la surface du trou est donc le sommet d'un cône lumineux dont la base est le disque du Soleil ; l'axe est le rayon qui vient du centre du disque à ce point, & l'angle formé au sommet de ce cône par les deux apothêmes opposés, est de 32 minutes ; les rayons de lumiere passant au - delà du trou, & s'y croisant, forment un autre cône lumineux qui a le même sommet, le même axe & le même angle au sommet, mais qui s'étend indéfiniment au-delà du trou, à l'opposite du Soleil. Et comme la largeur du trou est infiniment petite à l'égard de sa distance au Soleil, les axes de tous ces cônes sont tous paralleles entr'eux. Or à cause de la petitesse de l'angle au sommet de chaque cône, les apothêmes sont sensiblement confondus avec leurs axes à peu de distance du trou. Donc un plan posé tout auprès du trou, ne reçoit la lumiere du Soleil que comme s'il n'y avoit que les axes seuls, lesquels étant paralleles entr'eux, sont arrangés dans le même ordre que tous les points de la surface du trou ; & par conséquent la figure lumineuse doit être sur ce plan semblable à la figure du trou. Mais quand on éloigne le plan, les apothêmes des cônes lumineux commencent à s'écarter sensiblement des axes ; les cônes deviennent sensiblement ouverts, de sorte qu'à une distance considérable du trou, la figure lumineuse est composée de toutes les bases de ces cônes, qui sont des cercles. Les centres de ces cercles déterminés par la rencontre des axes des cônes, sont à la vérité arrangés sur le plan de la même maniére & à la même distance les uns des autres que les points de la surface du trou ; mais leurs circonférences sont confondues les unes dans les autres, & forment par conséquent une figure à peu près circulaire, comme on voit celle des sept cercles (Fig. 2) dont les centres sont A, B, C, D, E, F, G, & forment un heptagone irrégulier.

27. REM. I. Tant que les dimensions du trou ne différeront pas beaucoup entr'elles, la figure lumineuse sera sensiblement circulaire. Si la figure du trou est oblongue, comme si c'étoit celle d'un parallelogramme, la figure lumineuse paroîtra aussi comme un parallelogramme arrondi

ou terminé en demi-cercle par les deux bouts oppofés. En général routes les figures lumineufes caufées par le Soleil ou par la Lune, auront toujours leurs angles arrondis à une certaine diftance.

28. II. Si le plan n'eft pas parallele à celui du trou, la figure lumineufe fera ovale, parce que les bafes de tous les cônes de lumiere deviendront des ellipfes.

29. III. Si on bouche une partie du trou, ce qui changera la figure du trou, celle de l'image lumineufe ne changera pas; elle deviendra feulement plus foible de lumiere & plus petite.

30. IV. C'eft pour cela que lorfqu'on fe promene fous une avenue de hauts arbres éclairés du Soleil, & dont l'ombrage eft affez épais, tel qu'eft celui des maronniers d'Inde, on voit fur le terrein des cercles de lumiere qui répondent aux endroits entre lefquels le Soleil a pû pénétrer.

31. COROLL. *S'il y a plufieurs petits trous voifins les uns des autres, par exemple, trois, par où la lumiere du Soleil entre dans une chambre obfcure, on verra d'abord à une certaine diftance trois cercles lumineux ; à mefure qu'on éloignera le plan, ces trois cercles s'aggrandiront fans que leurs centres fe rapprochent ni s'écartent ; puis ils fe toucheront, enfin ils fe confondront pour toujours en un feul, qui paroîtra de plus en plus rond & grand.*

ARTICLE III.

Des Propriétés des Ombres.

32. I. **PROP.** **U**N corps opaque éclairé en partie, jette une ombre *terminée par des lignes droites, & précifément oppofée à la lumiere.*

Car la lumiere fe propage (6) toujours en ligne droite, & les rayons de lumiére qui rafent les extrémités des corps terminent l'ombre qui refte derriere les corps.

33. II. PROP. *L'Ombre d'un Corps éclairé produit une obf-*

curité d'autant plus sensible ou plus noire, que la lumiere qui éclaire la partie opposée est plus forte.

Car alors le contraste de la lumiere qui avoisine l'ombre en doit être d'autant plus sensible.

34. **REM.** Lorsqu'un même corps est éclairé par plusieurs lumieres différentes, situées cependant à peu près du même côté, il jette à l'opposite autant d'ombres différentes, lesquelles se confondent en partie vers le pied de ce corps : & l'on voit par cette proposition pourquoi l'obscurité de ces ombres est d'autant plus grande, qu'elles sont en plus grand nombre confondues ensemble.

35. III. **PROB.** *L'Ombre formée par l'interposition d'un corps opaque dans un milieu éclairé & reçue sur un plan, est toujours terminée par une pénombre, d'autant plus étendue que le corps lumineux est plus gros, que le corps opaque est plus loin du plan qui reçoit son ombre, & que cette ombre est reçue plus obliquement sur ce plan. L'intensité de cette pénombre diminue à proportion qu'elle s'éloigne de l'ombre pure.*

Soit A B le Soleil (Fig. 3); E D un objet placé sur le terrein D I : il est clair qu'ayant tiré les rayons BF, CG, A H, un œil qui s'avanceroit de I vers H, verroit le Soleil entier ; étant en H il commenceroit à n'être plus éclairé par le bord inférieur A du Soleil ; en continuant de s'avancer il verroit une portion du disque du Soleil de plus en plus petite : par exemple en G, il ne verroit plus que la moitié supérieure du Soleil, & en F il cesseroit de le voir, il entreroit dans l'ombre pure F D. D'où il paroît 1°. qu'il voit d'autant moins clair qu'il s'approche plus de la vraie ombre : de sorte que l'espace H F est couvert d'une pénombre, d'autant plus forte qu'elle approche plus de l'ombre pure, laquelle commence en F. 2°. Que dans le triangle F E H, le côté F H qui mesure la pénombre est d'autant plus grand, que l'angle opposé F E H, (qui mesure le diametre apparent A B de l'objet lumineux) est plus grand, que la distance E D de l'extrémité E du corps au plan D I qui reçoit l'ombre est plus grande, & que les droites E H, E F, sont plus obliques.

36. Rem. C'est pour cela que le terme de l'ombre des corps éclairés par le Soleil est toujours confus, sur-tout lorsque l'ombre est loin du corps qui la cause. Et parce que le diamettre du Soleil est vû sous un angle de 32 minutes, il est évident (Elem. 746) que *la grandeur* F H *de la pénombre d'un objet est à la distance de l'extrémité* E *de l'objet au commencement* F *de son ombre pure, comme le sinus de 32 minutes, est au sinus de l'angle* E H D *de la hauteur apparente du bord inférieur (Soleil au-dessus du plan* D I *qui reçoit l'ombre.* Au reste, ce qu'on dit ici du Soleil doit aussi s'entendre de la Lune & en général de tous les corps éclairans qui ont un diametre sensible, lequel occasionne une pénombre : il n'y auroit qu'un point lumineux qui ne formeroit pas de pénombre.

37. IV. Prop. *Les longueurs des vraies ombres du Soleil ou de la Lune sont en raison inverse des tangentes des hauteurs apparentes du bord supérieur de ces astres au-dessus du plan qui reçoit ces ombres.*

Car dans le triangle rectangle E D F, il est clair (Elem. 748) qu'en prenant l'objet E D pour rayon, la grandeur D F de l'ombre est la tangente de l'angle D E F, complement de D F E, hauteur du bord supérieur du Soleil au-dessus du plan D I. Donc les ombres vraies sont comme les cotangentes de ces hauteurs, ou (Elem. 737) en raison inverse des tangentes des hauteurs du bord supérieur de l'astre qui les cause.

38. Coroll. *Etant données deux de ces trois choses, l'angle de la hauteur du bord supérieur de l'astre, la hauteur perpendiculaire d'un objet au-dessus du plan par rapport auquel on estime la hauteur de l'astre, & la longueur de la vraie ombre de cet objet, mesurée depuis le point où répond la perpendiculaire au plan, tirée de l'extrémité de l'objet, on peut connoître la troisieme,* par le calcul d'un simple triangle rectangle comme E D F.

39. V. Prop. *Si un globe lumineux éclaire un globe obscur plus gros que lui, il en éclairera une partie d'autant moindre, & il y employera une partie de sa surface d'autant plus grande qu'il sera plus petit. Ce sera le contraire s'il est plus gros ; & s'ils sont*

égaux, la moitié de sa surface éclaire la moitié de la surface de l'autre.

Soit en B (F. 4) un globe lumineux qui éclaire le globe plus gros C. Il est clair que la partie du globe C, qui en est éclairée, est déterminée par les derniers rayons qui puissent y atteindre, & par conséquent par les rayons qui le touchent ; de même les derniers rayons du globe B, qui puissent éclairer le globe C, ne peuvent être que des rayons tangens : ainsi les tangentes L P, K O, déterminent & les derniers points éclairans L, K, & les derniers points éclairés P, O. Si sur la droite B C, on éleve les diametres perpendiculaires H I, M N, ils partageront (Elem. 402) en deux également les circonférences des globes B, C : & si des mêmes points B & C, on abbaisse sur les tangentes les perpendiculaires B L, B K, C P, C O, elles détermineront les points de contact. Ainsi l'arc L R K, (plus grand que de 180 dégrés) représentera la partie éclairante, & l'arc P S O, (moindre que de 180 dégrés) la partie éclairée. Au contraire, si C étoit un globe lumineux, & B un globe obscur, l'arc P S O en représenteroit la partie éclairante, & l'arc L R K la partie éclairée. Enfin, si les globes étoient égaux, les tangentes seroient paralleles, & passeroient par les extrémités des diametres H I, M N ; & par conséquent l'arc éclairant & l'arc éclairé seroient chacun de 180 degrés.

40. COROLL. I. Il est aisé de voir qu'à cause de la ressemblance des triangles rectangles L B H, P M C, K B I, O C N, les arcs L H, P M, K I, O N, sont d'un égal nombre de dégrés, & que par conséquent *l'arc d'un globe qui mesure la largeur de sa partie éclairante, est le supplément à 360° de l'arc qui mesure la largeur de la partie éclairée de l'autre globe.*

41. COROLL. II. Par la même raison, *l'arc obscur du globe éclairé a autant de dégrés que l'arc éclairant du globe lumineux, & l'arc éclairé en a autant que celui qui n'éclaire pas.*

42. COROLL. III. Et à cause des triangles rectangles semblables A B L, B L H, l'angle BAL = LBH, d'où

on voit que l'excès de l'arc éclairé sur l'arc obscur, ou la différence entre la partie éclairante & la partie éclairée, est mesurée par l'angle LAK des rayons tangens.

43. Coroll. IV. *Un globe éclaire la moitié d'un globe égal, à quelque distance qu'ils soient l'un de l'autre; mais un globe qui en éclaire un autre plus petit, en éclaire une partie d'autant plus grande qu'il en sera plus près & réciproquement.* Car plus les globes seront près, plus l'angle PAO des tangentes sera grand, & par conséquent plus la partie éclairée excédera la partie obscure.

44. Ainsi on ne peut voir d'un œil seul la moitié d'un globe dont le diametre seroit plus grand que l'ouverture de la prunelle. Le Soleil éclaire plus que la moitié de chacune des planetes; la Lune étant pleine, éclaire moins que la moitié de la terre, &c.

45. Coroll. V. *L'ombre d'un globe éclairé par un globe égal, est cylindrique & infinie;* car elle est terminée par des rayons qui sont tous paralleles entr'eux, & qui entourent une circonférence de cercle. *L'ombre d'un globe éclairé par un plus gros, est un cône fini,* comme KAL; & l'ombre QPOV d'un globe C, éclairé par un plus petit B, s'etend à l'infini en un cône tronqué.

46. Coroll. VI. Etant donnés les demi-diametres BK, CO, & la distance BC des centres de deux globes, on détermine aisément la longueur de l'axe BA du cône d'ombre du plus petit globe. Car si on tire KD, parallele à BC, à cause des paralleles BK, CO, on a BK = CD, & BC = KD, les triangles KDO, ACO sont semblables; donc DO : OC :: DK : CA; ou CO — BK : CO :: CB : CA. Otant donc CB de CA, reste BA qu'on cherche. Soit B la Terre, C le Soleil, BK = 1, CO = 80; 5 & BC = 17189: on trouve donc BA = 216 qui valent environ 324000. lieues, à raison de 1500 lieues pour le demi-diametre BK de la terre.

47. Rem. Il est évident que la partie éclairée dont on parle dans cette proposition renferme la pénombre & ne se termine qu'à l'ombre vraie.

ARTICLE IV.

De la Nature & des Propriétés de la Lumiere, par rapport à la Vision & aux Couleurs.

48. L'OEIL fait à notre égard, à quelques exceptions près, le même effet que la chambre obscure. La prunelle est un trou par où passent les rayons de lumiere, & où ils se croisent pour aller peindre sur la membrane qui tapisse le fond de l'œil, les images renversées de tous les objets qui sont exposés à notre vûe; de sorte que les diametres des images ainsi peintes, sont à peu-près proportionnels aux angles formés à l'entrée de la prunelle par les deux rayons qui partent des deux extrémités de l'objet, pourvû que ces angles soient petits; ou bien, ce qui revient au même, les diametres des images d'un même objet sont d'autant plus grands, que la distance de cet objet est plus petite : & quoique ces images soient ainsi renversées dans notre œil, nous ne laissons pas de voir les objets droits; car puisque les rayons se croisent en entrant dans notre œil, le rayon parti de la partie supérieure d'un objet doit donc former la partie inférieure de l'image & réciproquement. Or comme nous ne pouvons juger de la position des objets que par l'impression que les rayons font sur notre organe, nous devons les juger posés dans la direction suivant laquelle cette impression se fait : mais l'impression du rayon qui vient d'un point placé au sommet d'un objet frapper la partie inférieure de l'organe, doit par la réaction de cet organe faire paroître ce point dans une droite qui va de bas en haut : donc ce point doit paroître effectivement dans la partie supérieure de l'objet.

49. Quoiqu'on ne puisse donner une explication complete de la maniere dont la lumiére forme dans l'œil les images des objets, que par les Regles de la Dioptrique ;

on

on va cependant expofer ici ce que l'expérience nous a appris fur la maniere dont la lumiere agit fur l'organe de la vûe , & fur les idées qui en réfultent.

50. La lumiere eft un compofé d'une quantité prodigieufe de particules de matiére ou de corpufcules diftingués les uns des autres , d'une petiteffe comme infinie , très-élaftiques , mûs ou agités avec une vîteffe extrême , de forte qu'étant parvenus fur l'organe de notre vûe , ils le frappent avec une force proportionnée à la denfité de ces corpufcules , à leur maffe & à leur vîteffe ; ils y caufent des trémouffemens ou des impreffions différentes , lefquelles en vertu de l'union intime de notre corps avec notre ame , occafionnent dans notre efprit des idées différentes , fur la préfence des objets d'où ces corpufcules ou atomes lumineux font partis.

51. Les atômes lumineux font de différente efpéce , ou du moins ils ont des propriétés particulieres qui font comme invariables dans chacun , & indépendantes des différentes modifications que la lumiere peut fouffrir dans fa route.

52. J'appellerai *rayon de lumiere* , la route d'un atôme ou point lumineux , ou plutôt une file d'atômes lumineux , contigus , homogênes ou de la même efpece. Il y a autant d'efpeces de rayons lumineux qu'il y a d'efpeces d'atômes lumineux. Ces différentes efpeces fe diftinguent par les différentes fenfations que l'organe éprouve : & ce font ces différentes fenfations que nous appellons *les couleurs.*

53. Quoiqu'il foit impoffible de faire une divifion exacte de toutes les efpeces de rayons , cependant on en diftingue ordinairement fept , qui forment autant de couleurs qu'on appelle *primitives.* On les met dans cet ordre , qui eft le même que celui qu'on voit dans les arcs-en-ciel , *rouge , orangé , jaune , verd , bleu , pourpre , violet.* C'eft pourquoi dans la fuite en parlant des rayons de lumiere , nous dirons quelquefois , *des rayons rouges , des rayons bleus , &c.* pour défigner les atômes lumineux qui caufent dans notre œil une fenfation particuliere , qui nous fait juger que ce que nous voyons eft rouge ou bleu.

B

54. Un objet peut être visible, ou parce qu'il peut envoyer directement à notre œil des particules de lumiere ; & dans ce cas on l'appelle *objet lumineux*, comme le soleil, un flambeau, &c. sa lumiere s'appelle *lumiere directe* : ou parce qu'étant rencontré par des rayons partis d'un objet lumineux, il peut les renvoyer vers notre œil, & occasionner en nous une idée de sa présence, de la maniere qu'on va l'expliquer ; & dans ce cas, cet objet s'appelle *objet éclairé* ; la lumiere comprise entre l'œil & lui, s'appelle *lumière réflechie*.

Comme le Soleil est par rapport à nous l'objet le plus lumineux qui nous éclaire, nous allons expliquer comment il nous fait voir les objets. Il en sera de même des autres corps lumineux, comme des flambeaux.

55. Le Soleil lance * de tous côtés, à une distance immense, une quantité prodigieuse de rayons de toutes les especes mêlées ensemble, de sorte qu'aucune ne prédomine sensiblement, & que dans tout l'espace de l'Univers qui nous est connu, il n'y a pas de point sensible qui ne soit rempli de sa lumiere, à moins qu'il ne soit occupé par quelque particule solide de matiére, ou qu'il ne se trouve dans l'étendue de la vraie ombre de quelque corps impénétrable à cette lumiere.

56. Les rayons que notre œil reçoit directement de tous les points de la surface du soleil exposé à notre vûe, forment un cône dont cette surface est la base, & l'entrée ou la prunelle de l'œil en est le sommet. Le prolongement de ces rayons au de-là de la prunelle forment en dedans de l'œil (en faisant abstraction de quelque détour dont on parlera dans la suite,) un autre cône qui se termine sur le

---

* On ne prétend pas décider ici, si la lumiere se fait par une émission réelle & continuelle de particules lumineuses détachées du corps lumineux, ou si ce n'est que l'effet d'un mouvement d'ondulation ou d'oscillation dans une matiére élastique qui remplit l'Univers, & à laquelle le Soleil ou les autres corps lumineux par eux-mêmes donnent & entretiennent ce mouvement. Nous laissons aux Physiciens à prendre parti dans cette Question.

fond de l'œil ; & qui par conséquent y fait une impression dans un espace circulaire de ce fond, laquelle occasionne l'idée de la présence actuelle d'un objet rond & lumineux, que nous appellons le Soleil.

57. Nous appellerons dans la suite *images des objets dans l'œil*, les espaces du fond de l'organe où les rayons de lumiere sont arrêtés, & où par conséquent les impressions se font sentir. On les appelle ainsi, parce qu'en effet lorsqu'on expose un œil dépouillé de toutes ses tuniques extérieures à un objet lumineux ou fortement éclairé, on voit une image de cet objet peinte avec toutes ses couleurs au fond de cet œil.

Lorsque les rayons du Soleil ne viennent à nous que par réflexion, ou plus généralement, lorsqu'ils rencontrent un corps, il peut arriver quatre cas.

58. I. Cas. Si les parties solides de ce corps (que je suppose impénétrables à la lumiere) sont situées entr'elles si réguliérement à l'endroit de la surface où tombe la lumiere, qu'elles renvoyent tous ces rayons * dans le même ordre dans lequel ils y sont parvenus, il est clair qu'un œil qui se trouvera sur la route de ces rayons réflechis, en recevra une impression qui sera précisément la même, que si ces rayons étoient venus directement du soleil. L'œil ne s'appercevra donc que de la présence du soleil ; il s'en formera une image dans le fond de cet organe, & le corps qui aura renvoyé les rayons, ne sera qu'un vrai *miroir*, invisible à l'œil. Seulement à cause que les rayons réflechis auront changé de route, le lieu où le Soleil paroîtra placé,

---

* C'est encore une question agitée parmi les Physiciens de sçavoir si la réflexion de la lumiere se fait comme celle des corps à ressort, par une simple décomposition de mouvement à la rencontre des parties solides des corps ; ou, ce qui est plus vraisemblable, à la rencontre d'une matiere élastique qui est répandue sur la surface des corps ; ou bien si la réflexion de la lumiere n'est que l'effet d'une répulsion produite par un pouvoir actif qui s'exerce sur la lumiere à l'approche des corps. Sans prétendre rien décider, nous parlerons ici de la réflexion de la lumiere comme si elle se faisoit sur les parties solides des corps.

ne sera pas le même que si le Soleil étoit vû directement :
parce que nous jugeons que les objets sont situés dans la
ligne droite, qui est la direction des rayons à l'instant qu'ils
arrivent à notre organe ; de même que lorsque nous rece-
vons un coup de pierre sans la voir, nous jugeons par l'impression du coup, que la pierre est venue dans la ligne
droite, & du côté où cette impression s'est fait sentir, quoique
cette pierre ne soit peut-être parvenue à nous que par ri-
cochet ou par une courbe, dont la droite que nous prenons pour sa vraie direction, n'est que la tangente au point
où elle nous a frappé.

59. On sait par expérience que plus la surface d'un corps
opaque exposé au soleil est parfaitement polie, plus elle fait
parfaitement l'effet du miroir ; c'est-à-dire, qu'elle devient
d'autant moins visible, mais qu'elle renvoye une image d'autant plus vive ; & parce que la surface de tous les corps qui
nous sont connus, n'a jamais ce poli parfait, mais que les
particules solides qui la terminent, sont posées irréguliè-
rement, c'est-à-dire, différemment inclinées, élevées, figu-
rées, &c. nous supposerons dans la suite de cet article, que
les surfaces des corps ne peuvent être des miroirs parfaits.

60. II. CAS. Si les parties solides d'un corps sont tellement situées à l'endroit de la surface où la lumiere tombe,
qu'elles renvoyent tous ou presque tous les rayons du Soleil,
ou du moins qu'elles n'en absorbent pas sensiblement plus
d'une espece que d'une autre, en sorte que ces rayons soient
réfléchis confusément, les uns d'un côté, les autres de
l'autre, selon la position de la surface de la petite partie
solide qui les aura reçus, l'œil qui se trouvera sur la route
de cette lumiere confusément réfléchie, recevra des rayons,
qui viendront de toutes les parties de la surface réfléchissante. Tous ces rayons formeront une espece de Pyramide,
dont cette surface sera la base ; la prunelle de l'œil en sera
le sommet : leur prolongement formera en dedans de l'œil
une autre Pyramide, qui se trouvera terminée au fond de
cet organe, par une base à peu près semblable à celle de
la Pyramide extérieure. Or chaque particule solide de la

surface réfléchissante, est un petit miroir, qui ne peut rapporter à l'œil qu'une très-petite partie de l'image du soleil; la situation irréguliere de toutes ces particules solides les rend autant de petits miroirs différemment posés; ce qui cause autant de positions différentes dans l'apparence de chaque portion d'image du Soleil. D'où il suit que l'impression totale qui se fait dans toute l'étendue de la base de la Pyramide qui est dans l'œil, doit occasionner l'idée d'un assemblage de parties lumineuses, terminé par une figure semblable à celle de cette base.

61. On concevra ceci plus facilement par l'exemple qui suit. On sait que le diametre du Soleil nous paroît soutendre dans le Ciel un arc d'environ 32 minutes. Si donc on renvoye, par le moyen d'un miroir plan exposé au Soleil, une image de cet astre vers un œil, cette image paroîtra occuper une portion assez considérable du miroir. Supposons qu'on couvre presque toute cette portion, & qu'on n'en laisse à découvert qu'une assez petite partie, il est clair 1°. qu'on ne doit plus voir qu'une petite partie de l'image du Soleil qu'on voyoit entiere précédemment; 2°. que cette partie d'image aura la figure de la partie découverte du miroir. Ce seroit la même chose, si au lieu d'un grand miroir presque tout couvert, on ne se servoit que d'un petit miroir égal & semblable à cette partie découverte. Cela posé, imaginons qu'on prenne plusieurs morceaux de glace de miroir, trop petits chacun pour faire voir une image entiere du soleil; que l'on dispose chacun de ces morceaux en une figure quelconque, réguliere ou non, par exemple, en hexagone, en sorte cependant que chacun renvoye à un même œil la partie de l'image du Soleil qu'il peut renvoyer, (on verra dans la suite que pour cet effet les morceaux de glace ne doivent pas être dans un même plan), il est clair qu'en ce cas l'œil verra autant de portions d'images du Soleil qu'il y aura de miroirs, & que toutes ces portions d'images formeront une figure lumineuse semblable à celle qui résulte de l'assemblage des miroirs (par exemple, un hexagone) en sorte qu'à mesure qu'on ajoûtera

ou qu'on ôtera un morceau de glace, on verra paroître ou disparoître une portion d'image du Soleil, ce qui changera la figure lumineuse, de la même maniere que l'assemblage des portions de glace changera de figure.

62. On voit encore 1°. qu'on peut tellement disposer ces morceaux de glace, qu'il n'y ait pas d'intervalle sensible entre les portions d'images du Soleil qu'ils renvoyent ; & qu'ainsi la figure lumineuse paroisse continue & sans interruption. 2°. Que selon que chaque morceau de glace sera plus ou moins net, plus ou moins poli, la partie de la figure lumineuse qu'il formera sera plus ou moins éclatante. 3°. Que la figure lumineuse doit faire la même impression dans l'organe, que si les rayons qui parviennent à l'œil venoient directement du Soleil, & que par conséquent elle doit être de même couleur que le Soleil, c'est-à-dire, blanche.

63. Si donc on regarde la surface d'un corps qui renvoie une très-grande quantité des rayons du Soleil de toutes les espéces, sans en absorber plus d'une espece sensiblement que d'une autre, comme terminée par des particules solides qui soient des polyhedres isolés ou séparés les uns des autres, en sorte que leurs faces soient autant de petits miroirs placés irréguliérement, & dans des plans différens, on conçoit que ce corps doit paroître blanc, & terminé par une figure semblable à celle de son image qui est dans l'œil ; & les parties de la surface de ce corps sont d'un blanc plus ou moins éclatant, selon le tissu plus ou moins serré des petits polyhedres, qui laisse par conséquent plus ou moins d'intervalles obscurs, selon leur poli, & selon la position de leurs faces à l'égard de l'œil & du soleil.

64. On voit donc, dans cette hypothese, que *les corps blancs sont ceux qui réfléchissent vers notre œil des rayons de toute espece mêlés ensemble.*

65. III. CAS. Si les parties solides du corps sont tellement situées à l'égard de l'œil & du soleil, ou si elles sont d'une telle nature qu'elles ne renvoyent que très-peu de rayons, en sorte qu'ils soient presque tous absorbés en

pénétrant dans les pores ou interftices des particules folides des corps, & en y fouffrant différentes modifications ou différens accidens qui les arrêtent, ou qui les empêchent d'être reçus par un œil, fi ce n'eft en très-petit nombre ; alors l'œil recevra fi peu de petites portions d'images du foleil, qu'elles ne feront aucune impreffion fenfible, ou qu'elles n'en feront qu'autant qu'il en faut pour s'appercevoir qu'il y a au-devant de l'œil quelques parties qui réfléchiffent un peu de lumiere. C'eft pourquoi le corps ne fera pas ou prefque pas vifible, & l'on n'aura d'idée de fa préfence & de fa figure, qu'autant que les objets voifins feront plus éclatans, & feront plus de contrafte avec lui. On appelle ces fortes de corps, des corps noirs.

66. D'où il fuit que dans cette hypothefe, *les corps noirs font ceux qui ne réfléchiffent point ou que peu de rayons de lumiere.*

67. I V. Cas. Si les parties folides qui terminent la furface d'un corps font d'une telle nature qu'elles abforbent prefque tous les rayons de lumiere, excepté ceux qui font d'une certaine efpece, lefquels foient prefque tous feuls réfléchis, l'œil qui fe trouvera fur leur route recevra autant de petites portions d'images du foleil qu'il y aura de particules folides qui lui auront renvoyé des rayons ; mais ces petites portions d'image feront toutes d'une même couleur, & leur affemblage occafionnera l'idée de la préfence d'un corps d'une certaine couleur déterminée par l'efpece des rayons réfléchis, & d'une figure déterminée par celle de cet affemblage.

68. D'où il fuit I°. *Que les corps d'une certaine couleur font ceux qui abforbent prefque toutes les différentes efpeces de rayons, & qui ne renvoyent guere que ceux d'une certaine efpece.*

69. II°. *Que les nuances des couleurs dépendent de la combinaifon des différentes efpeces de rayons réfléchis.*

70. III°. *Que donner à un corps une couleur ou une teinture, c'eft ou arranger fes parties intérieures, ou feulement celles qui terminent fa furface, ou faire entrer dans tous fes pores une matiere étrangere, ou couvrir fa furface d'un Vernis, de forte que par quelques moyens femblables, les rayons réfléchis par ce corps*

ne soient tous ou presque tous que de la même espece; ou du moins que cette espece y domine par-dessus toutes les autres.

71. Il suit encore de l'explication précédente de la Vision & des Couleurs, qu'*un atôme de lumiere porte avec lui l'image du point lumineux d'où il est parti.* Si un rayon jaune parti du soleil rencontre un corps rouge, ou teint pour paroître rouge, ce rayon ne sera pas réfléchi: il pénétrera le corps, il y sera arrêté, ou bien il n'en sortira qu'après avoir fait plusieurs détours, qui l'empêcheront de parvenir à l'œil. Mais s'il rencontre un corps jaune, il se réfléchira sans le pénétrer. Ce qui ne doit pas cependant se prendre si rigoureusement, qu'un rayon jaune ne puisse être absorbé par un corps jaune, ou réfléchi par un corps rouge, mais seulement que d'un faisceau composé d'un très grand nombre de rayons, jaunes par exemple, qui tomberont sur un corps rouge, très-peu en seront réfléchis, en comparaison de ceux qui ne le seront pas.

ARTICLE V.

Des idées que la vûe occasionne dans notre ame.

72. ON vient de voir que nous ne nous appercevons de la présence & de la figure des objets que par l'impression que fait dans le fond de notre œil chaque image de ces objets lorsqu'elles s'y peignent; nous ne concluons de même leur grandeur, leur position, leur mouvement & leur distance, que par la nature de cette impression, ou par certains jugemens auxquels nous nous sommes accoutumés, quoiqu'ils soient souvent faux, & qu'ils ayent par conséquent besoin d'être redressés par le raisonnement.

73. Il y a une certaine portée ordinaire de notre vûe, qui est la distance à laquelle nous avons coûtume de converser & de nous trouver dans le commerce de la vie. Lorsque des objets sont à cette portée, il arrive que quoique les

dimensions de leurs images dans notre œil changent prodigieusement, pour peu qu'on s'approche ou qu'on s'éloigne de ces objets, nous ne nous appercevons pas qu'ils changent sensiblement de grosseur. Hors de cette portée cependant, nous voyons les objets diminuer à mesure que nous en éloignons, & réciproquement. Par exemple, si je place mon œil successivement à 2, à 4, à 6 pieds de distance d'un même homme, il est clair (Elem. 495) que les dimensions de son image seront successivement entr'elles à peu près comme 1, $\frac{1}{2}$, $\frac{1}{3}$, & par conséquent cet homme me devroit paroître plus petit dans le même rapport; puisque nous ne devrions juger de sa grandeur que par celle de ses images. On sait cependant qu'on ne s'apperçoit pas de cette diminution. Et pour faire voir que cela ne provient que de l'habitude, il suffit de considérer que si nous voyons devant nous un homme à la distance de 120 pieds, il ne nous paroît pas d'une petitesse frappante, telle qu'elle nous paroîtroit cependant si étant au bas d'une tour haute de 120 pieds, nous le voyïons au sommet. Ce qui vient sans doute de ce que n'étant pas habitués de porter notre vûe si perpendiculairement pour converser, & que n'étant pas à portée de connoître par expérience ces sortes de distances, nous ne sommes plus dans le cas de juger comme à l'ordinaire; & alors nous déterminons le rapport des grandeurs des objets principalement par celui de leurs images dans notre œil.

74. Lors donc qu'un objet est à la portée ordinaire de notre vûe, il paroît que nous ne jugeons de sa grandeur & de sa distance que par la connoissance que nous avons acquise par un usage long & familier des dimensions de tout ce que nous voyons entre notre œil & cet objet; & que ce jugement ne dépend pas des dimensions de ses différentes images dans notre œil, ou ce qui est le même des Angles sous lesquels nous voyons les dimensions de cet objet. Que hors de cette portée, ou que lorsque quelque obstacle nous cache absolument les objets intermédiaires, comme quand nous regardons quelque objet au travers d'un Téles-

cope ou d'un Microscope, ou seulement d'un très-petit trou percé dans un plan opaque, la grandeur & la distance de cet objet nous paroissent dépendre des différentes dimensions de son image dans notre œil, de sorte que si cette image est grossie ou diminuée par quelque artifice optique, l'objet quoique fixe nous paroît changer de grandeur & de distance, il nous paroît s'agrandir & s'approcher, ou diminuer & s'éloigner, comme on l'expliquera dans l'article suivant.

75. Smith nous rapporte un fait d'après M. Cheffelden fameux Anatomiste Anglois, qui éclaircira encore ceci. M. Cheffelden ayant fait voir que ceux qui ont une vraie cataracte sur les yeux, peuvent distinguer le jour de la nuit, & les corps colorés de noir, de blanc & de rouge vif, lorsqu'ils sont fort éclairés, sans cependant pouvoir assigner leur figure; il dit qu'il avoit guéri un jeune homme de 13 ans, qui avoit une pareille cataracte; qu'après cette opération, le jeune homme ne pût reconnoître ces corps colorés lorsqu'il les vit; les fausses idées qu'il s'en étoit faites auparavant n'étant pas suffisantes pour cela. Il ne pouvoit plus se persuader que les choses qu'il avoit connues par leur nom fussent les mêmes. Quand il commença à voir clair, il étoit si peu en état de faire aucun jugement sur la distance des objets, qu'il s'imaginoit les avoir tous sur ses yeux; il ne pouvoit concevoir aucune ligne d'intervalle entre lui & les murs de sa chambre; les objets 'ui parurent d'abord extraordinairement grands; il ne pouvoit concevoir comment toute la maison pouvoit être plus grande que sa chambre, quoiqu'il comprît fort bien que sa chambre n'étoit qu'une partie de la maison. Il ne pouvoit porter aucun jugement sur la figure des corps, quoiqu'ils fussent fort différens les uns des autres par leur forme & par leur grandeur; il ne pouvoit dire en quoi consistoit le plaisir qu'il trouvoit en voyant chaque objet. Il fut fort embarrassé à la vûe des peintures, & il fut deux mois à se convaincre qu'elles ne faisoient que représenter des corps solides. Il ne tournoit pas d'abord les yeux vers les objets; il fut même long-tems

à s'y habituer petit-à-petit. Il paroît donc que ce jeune homme n'a pû juger de la distance & de la figure des corps qu'après avoir remarqué plusieurs fois, & même après avoir acquis l'habitude de remarquer, non-seulement la différence des impressions causées par les changemens de figure & de places des images dans son œil, mais encore le rapport constant entre les idées causées par certaines impressions, & les idées occasionnées par certains mouvemens dans les organes du toucher : il n'a appris à tourner les yeux vers les objets, qu'après avoir remarqué que l'exactitude de ce rapport étoit plus frappante, lorsque l'œil étoit dans une certaine situation à l'égard de ces objets. Enfin il est facile d'imaginer qu'il n'a pû parvenir à faire de ses yeux l'usage ordinaire, qu'en contractant l'habitude de juger en un instant, que ce qui affectoit actuellement sa vûe, devoit affecter ses autres sens de telle & telle maniere.

ARTICLE VI.

Des différentes apparences des objets vûs de loin.

76. J'APPELLE *Angle optique*, celui qui est formé dans la prunelle de l'œil, par les deux rayons qui partent de chaque extrémité d'une des dimensions d'un objet.

77. I. PROP. *Les objets égaux ou inégaux, vûs sous le même angle, paroissent égaux*, à moins qu'il n'y ait quelque cause particuliere qui en change les apparences.

Car, toutes choses d'ailleurs égales, nous ne pouvons juger de l'égalité ou de l'inégalité des objets que par celles des images qu'ils forment dans notre œil : or, si les dimensions de deux objets quelconques forment à la prunelle de notre œil des angles égaux, ils doivent former au fond de l'œil des images égales. Donc on les doit juger égaux.

78. II. PROP. *Les objets exposés de la même maniere à notre vûe, paroissent diminuer de grandeur, à mesure qu'ils s'éloignent de notre œil.*

Car les dimensions de ces objets sont des bases constantes d'un triangle dont les côtés sont les distances de leurs deux extrémités à l'œil ; ces côtés augmentant à mesure que l'objet s'éloigne, leurs angles opposés doivent augmenter aussi, & par conséquent (Élem. 495) l'angle à l'œil opposé au côté constant , doit toujours diminuer & former dans l'œil des images plus petites à proportion.

79. COROLL. I. *Les grandeurs apparentes ou les angles optiques des objets sont en raison inverse de leurs distances à l'œil, lorsque ces angles sont petits.*

80. COROLL. II. *Les parties égales d'un objet fort grand, & hors de la portée ordinaire de la vûe, ne paroissent pas égales.* Car les parties qui sont plus éloignées de l'œil, doivent soutendre des angles optiques plus petits & réciproquement.

81. COROLL. III. *Il se peut faire que la plus petite des deux parties d'un objet paroisse la plus grande des deux;* si elle est exposée de sorte qu'elle soutende un plus grand angle optique.

82. III. PROP. *Les lignes paralleles étant prolongées à une grande distance paroissent concourir & former un angle à leurs extrémités.* Parce que les lignes qui mesurent leurs intervalles qui sont toujours égaux, soutendent des angles optiques qui deviennent de plus petits en plus petits ; & enfin insensibles, lorsqu'elles sont vûes à une distance comme infinie : donc alors l'intervalle des lignes paralleles paroît nul vers leurs extrémités , & les paralleles paroissent concourir.

83. REM. De-là on voit 1°. pourquoi *une tour fort élevée paroît comme panchée sur celui qui du pied en regarde le sommet.* Car si la tour est d'aplomb, le spectateur qui regarde en l'air , la compare à la ligne d'aplomb qui passe par son œil. Ces deux aplombs sont deux paralleles qui paroissent tendre à concourir ; donc l'aplomb de la tour, qui est couché sur son mur , paroît se rapprocher, dans sa partie supérieure , de l'aplomb de l'œil, & par conséquent la tour paroît panchée , comme pour se renverser sur le spectateur. 2°. *Pourquoi la mer paroît s'élever d'autant plus qu'elle s'éloigne plus des côtes , & qu'on la voit d'un lieu plus élevé. C'est par la*

même raiſon ; on compare ſa ſurface qui eſt de niveau, avec la ligne de niveau qui paſſe par l'œil du ſpectateur ; ces deux niveaux étant paralleles, ſemblent ſe rapprocher à meſure qu'ils s'éloignent de l'œil : ils s'en éloignent d'autant plus, qu'on voit une plus grande étendue de la mer, & cette étendue eſt d'autant plus grande, qu'on eſt plus élevé. *3°. Pourquoi dans une longue galerie le plafond paroît aller toujours en baiſſant, & le parquet toujours en montant.* C'eſt qu'on compare l'un & l'autre à la ligne de niveau qui paſſe par l'œil, laquelle eſt au-deſſus du niveau du parquet & au-deſſous du niveau du plafond. *4°. Pourquoi quand on marche parallelement à une avenue ou à un long mur, les parties qui ſont à droite, paroiſſent tendre de plus en plus vers la gauche ; ou ſi on eſt entre deux murs ou deux rangs d'arbres, ces objets paroiſſent s'écarter les uns des autres à meſure qu'on en approche, &c.*

84. **Coroll.** *Une ligne de niveau qui eſt auſſi au niveau de l'œil,* par exemple, un cordon de muraille, *paroît toujours de niveau, de quelque maniere qu'elle ſoit dirigée à l'égard de l'œil, mais d'autres lignes de niveau qui ſeroient au-deſſus ou au-deſſous de celles-là, doivent toujours paroître inclinées à l'horizon.*

85. IV. **Prop.** *La figure apparente d'un objet eſt déterminée par la ſituation des points de cet objet, qui peuvent envoyer des rayons à l'œil;* ce qui eſt évident.

86. **Coroll.** I. *Une ligne droite tellement diſpoſée, qu'étant prolongée, elle paſſeroit par le centre de la prunelle perpendiculairement à la ſurface de l'œil, ne paroît que comme un point.* Car il n'y a que le point de ſon extrémité qui eſt vers l'œil, qui puiſſe y envoyer un rayon de lumiere.

87. **Coroll.** II. *Un plan tellement expoſé que l'axe de l'œil étant prolongé, ſeroit couché deſſus, ne paroît que comme une ligne.* Car alors il n'y a que la ligne qui forme la partie du contour du plan, expoſée à la vûe, qui puiſſe envoyer à l'œil des rayons de lumiere.

88. **Coroll.** III. *Un ſolide qui ne préſente à l'œil qu'une de ſes faces, paroit comme une ſimple ſurface.*

89. V. **Prop.** *Un œil qui eſt dans le plan d'une grande ligne*

quelconque fort éloignée, réguliere ou irréguliere, la voit comme un arc de cercle dont il est le centre.

Car puisque les points G, F, A, B, C, D, E, (Fig. 5) de la courbe irréguliere G F A E, sont dans le plan qui passe par l'œil placé en O, & qu'ils sont bien au delà de la portée ordinaire de la vûe, l'œil ne peut juger quels sont les points plus proches; il ne peut distinguer la différence entre O P & O D, parce qu'elle est fort petite à l'égard d'une de ces deux droites; & par conséquent n'ayant aucun moyen de juger de l'inégalité de ces deux rayons, il est porté à les croire égaux, il en est de même des autres. Il doit donc s'imaginer au centre d'un cercle dont tous ces points sont à la circonférence.

90. REM. Si les différences étoient extrêmement inégales, on pourroit découvrir quelles sont les parties les plus proches par la vivacité de la lumiere, ou par leur grosseur. Et si l'œil étoit fort éloigné du plan de cette courbe, il pourroit aussi s'appercevoir de ses inégalités; les lignes D P, B L, F I, n'étant pas infiniment petites par rapport à O D, O B, O F, & étant d'ailleurs exposées plus directement à la vûe que lorsque l'œil est dans leur plan, elles deviendroient sensibles.

91. COROLL. *Une petite ligne irréguliere, vûe de loin, comme* A B C D E, *doit paroître une ligne droite;* car elle doit paroître comme un arc de fort peu de dégrés.

92. C'est pour cela 1°. que lorsqu'on est dans une grande plaine terminée irréguliérement, on croit toujours être au centre d'un cercle, les objets élevés & éloignés paroissent être tous à la circonférence. 2°. On s'imagine qu'on n'avance guere quoique l'on marche toujours, parce qu'on se voit toujours au centre. 3°. Le ciel nous paroît comme une sphere creuse dans l'axe de laquelle notre œil est situé, & tous les astres sont comme attachés à sa circonférence. 4°. Les grandes villes & les forêts paroissent terminées en amphithéâtre, lorsqu'on les voit de loin, &c. 5°. Une sphere fort éloignée comme le Soleil & la Lune, ne nous paroît que comme une surface plane circulaire. 6° Un Polyhedre taillé à facet-

tes , paroît comme un globe vû d'une diftance médiocre, &
vû de loin, comme un cercle. 7°. Une tour quarrée ou polygone paroît ronde, ou même plate, fi on la voit de bien
loin. 8°. On n'apperçoit pas qu'un globe , qu'on voit même
d'affez près, tourne fur fon axe, s'il tourne uniformement,
à moins qu'il n'y ait quelque tache fur fa furface, & que le
globe ne tourne affez lentement.

93. VI. Prop. *Un œil placé dans l'axe élevé perpendiculairement au plan, & par le centre d'un polygone régulier, voit que
ce polygone eft régulier ; mais s'il eft hors de cet axe, il lui paroît
irrégulier.*

Car les rayons tirés de tous les angles du polygone à l'œil
placé dans l'axe , formeront une piramide droite à bafe
réguliere , dont par conféquent tous les angles qui compo-
feront l'angle folide du fommet feront égaux , & tous les
apothêmes auffi égaux; donc les côtés du polygone paroîtront
à l'œil fous des angles égaux, & pofés tous de la même maniére. Mais fi l'œil eft placé hors de l'axe, les côtés égaux
du polygone régulier en feront inégalement éloignés, &
paroîtront par conféquent inégaux & différemment
pofés.

94. Coroll. *Un polygone régulier vû obliquement, paroît
allongé, & un cercle paroît comme une ovale.* Parce que les
parties plus éloignées de l'œil paroiffent plus petites, &
plus rétrécies , les plus proches plus larges & plus étendues:
donc les diagonales paroiffent plus courtes dans un fens,
plus longues dans l'autre.

95. Rem. L'objet de la perfpective eft de repréfenter
géométriquement toutes les apparences expliquées dans les
propofitions précédentes.

96. VII. Prop. *Les objets fitués fur un terrein expofé à notre
vûe, paroiffent d'autant plus fombres & confus qu'ils font plus
éloignés. Au contraire ils paroiffent avec des couleurs d'autant
plus vives & d'autant plus diftinctement qu'ils font plus proches.*

La principale raifon de cette apparence, eft que la vûe
diftincte & la vivacité des couleurs dépendent de l'inten-
fité de la lumiere , laquelle décroît à mefure que l'objet

s'éloigne, par l'interpolition de l'air grossier compris entre l'objet & l'œil.

97. C'est pour cela 1°. que les objets un peu élevés au-dessus du terrein, tels que ceux qui sont sur le sommet des hautes montagnes, se voyent bien plus distinctement que ceux qui sont au pied, parce que l'air est d'autant moins grossier, & plus dégagé de vapeurs, qu'il est plus élevé au-dessus du terrein. 2°. Que par le moyen du clair & de l'obscur adroitement ménagés, les Peintres font saillir les objets & leur donnent du relief.

98. VIII. Prop. *Les objets qui paroissent sombres & confus, paroissent aussi plus éloignés.*

La raison en est qu'étant accoutumés à ne voir que confusément les objets éloignés, nous jugeons éloignés ceux que nous ne voyons que confusément.

99. Rem. S'il arrive par quelque cause que ce soit, qu'un objet hors de la portée ordinaire de la vûe, mais à la grosseur duquel notre œil est accoutumé, devienne seulement plus sombre & plus confus, nous jugeons aussi-tôt qu'il est aussi plus éloigné ; & comme il est resté à la même distance, & que par conséquent il forme dans notre œil une image qui n'est pas devenue plus petite, nous jugeons qu'il faut qu'il soit devenu plus gros.

100. De-là on voit facilement 1°. pourquoi pendant la nuit les feux clairs paroissent plus près qu'ils ne sont. 2°. Pourquoi les phantômes de nuit, ou même les objets proches de ceux qui voyagent de nuit, comme les arbres & les maisons, paroissent fort gros, & ces objets paroissent plus loin qu'ils ne sont réellement. 3°. Pourquoi le Ciel nous paroît comme une voûte surbaissée ; car la lumiere des astres étant d'autant plus foible (20) qu'ils sont plus près de l'horizon, les astres paroissent d'autant plus éloignés de nous qu'ils sont moins élevés sur l'horizon ; ainsi on a trouvé par expérience que la distance apparente de notre œil à l'horizon est à-peu-près triple de la distance apparente au Zenith. Ce surbaissement apparent est tel qu'en voulant assigner à l'estime de la vûe un point dans le Ciel qui soit au

milieu

milieu entre le Zenith & l'horifon, nous le prenons vers 23 ou 24 dégrés de hauteur ; au lieu que fi le Ciel nous paroiffoit parfaitement hémifphérique, ce point devroit être à 45 dégrés de hauteur. 4°. C'eft encore pour cela que le Soleil & la Lune, en fe levant, paroiffent à la vûe très-gros ; qu'ils diminuent à mefure qu'ils s'élevent fur l'horizon, quoiqu'en mefurant leurs diametres avec des inftrumens aftronomiques, on éprouve tout le contraire. Soit A E l'horizon, (F. 6) O le lieu de l'Obfervateur : le Soleil à différens dégrés de hauteur dans le Ciel, en B C, D H, F G ; A M R E la figure apparente du Ciel ; il eft clair qu'en quelque endroit que foit le Soleil dans le cercle A H G E, dont O eft le centre, fon diametre paroît fous les angles égaux B O C, D O H, F O G. Mais à caufe de la figure furbaiffée du Ciel, le Soleil paroît en K I, lorfqu'il eft réellement en B C ; en P N & en T S, lorfqu'il eft en D H & en F G ; & il femble dans ces lieux apparens être beaucoup plus petit, quoique fon diametre foit mefuré par les angles I O K, P O N, T O S, égaux aux vrais angles B O C, D O H, F O G.

101. IX. PROP. *Les objets paroiffent d'autant plus éloignés & plus gros, qu'on voit un plus grand nombre d'objets & une plus grande étendue de terrein entre l'œil & ces objets ; & réciproquement ils paroiffent d'autant plus près & plus petits, qu'on voit moins d'objets & de terrein entr'eux & l'œil.*

Car cette grande quantité d'objets & de terrein intermédiaire donne l'idée d'une grande diftance, & par conféquent d'une groffeur d'autant plus confidérable, & réciproquement.

102. C'eft pour cela 1°. que l'horizon paroît contigu au Ciel, parce qu'on ne voit rien entre l'horizon & le Ciel. 2°. Que lorfque l'on ne voit pas un grand vallon qui fe trouve dans une plaine, les objets, qui font au-delà de ce vallon, paroiffent tout près de nous, ils ne nous paroiffent éloignés que lorfque nous arrivons fur le bord du vallon. 3°. Que le foir on voit que des objets un peu élevés & bien expofés à notre vûe paroiffent fort loin & gros ; parce que la nuit empêchant de juger de leur diftance, par la quantité de

terrein compris entr'eux & l'œil, on croit ces objets à l'horizon, & par conséquent fort gros & fort loin.

103. X. PROP. *Si deux objets inégalement éloignés de l'œil, parcourent des espaces parallèles & égaux dans un même tems, le plus éloigné paroîtra aller plus lentement, & le plus proche aller plus vîte:* ce qui est évident; parce que l'espace décrit par l'objet le plus éloigné, soutendra à l'œil un angle plus petit.

104. REM. Si les directions des vîtesses ne sont pas parallèles, il se pourra faire que le corps le plus proche paroisse aller plus lentement, quoiqu'il aille réellement plus vîte; parce que l'espace qu'il parcourt, peut être si oblique aux rayons visuels qu'ils forment à l'œil des angles plus petits que les espaces plus petits décrits par le corps plus éloigné, mais exposés plus directement à la vûe.

105. XI. PROP. *Un objet mû avec une vîtesse quelconque paroît immobile, si à chaque seconde de tems il décrit un espace qui ne fasse dans l'œil qu'un angle de 15 à 20 secondes.*

Ceci est évident par l'expérience que nous avons, que les astres paroissent n'avoir aucun mouvement sensible à la vûe, quoiqu'à chaque seconde de tems plusieurs d'entr'eux décrivent des espaces qui font dans notre œil un angle de 15 secondes.

C'est par la même raison que sur le cadran d'une montre de poche, le mouvement de l'aiguille des heures & même celui de l'aiguille des minutes, sont insensibles.

106. REM. On peut estimer le rapport de l'espace réel à la distance de l'œil, pour que le mouvement soit insensible, comme 1 à 1200; c'est-à-dire, qu'un corps qui dans une seconde de tems ne décrit qu'un espace égal à $\frac{1}{1200}$ de sa distance à l'œil, paroît immobile, parce que cet espace ne fait à l'œil qu'un angle de 17 secondes 12 tierces.

107. Par une raison contraire, *un objet qui se meut avec une vîtesse extrême, comme une bale de mousquet, devient invisible;* parce qu'il ne reste pas assez de tems dans chaque endroit pour que la vûe puisse s'y arrêter & l'appercevoir.

108. XII. PROP. *Deux ou plusieurs objets mûs en même*

sens, & avec une égale vitesse apparente, paroissent immobiles en les comparant à un objet fixe; & cet objet fixe paroît se mouvoir en un sens contraire, avec une vitesse égale à celle de ces objets en mouvement.

Car deux ou plusieurs objets qui sont mûs en même sens avec une même vîtesse apparente, paroissent ne pas changer de place à l'égard l'un de l'autre; & comme en changeant réellement de place, ils changent de situation par rapport à l'objet fixe, & répondent successivement à différentes parties de cet objet, il paroît que c'est cet objet fixe qui va en sens contraire avec la même vîtesse.

109. C'est pour cela 1°. que dans un carosse ou dans un vaisseau on s'imagine rester en une même place, & que les objets voisins vont en sens contraire: cette illusion est d'autant plus forte que le vaisseau est plus grand; car alors toutes les parties de ce vaisseau qui environnent le spectateur, en très-grand nombre & à différentes distances de son œil, à l'égard duquel elles gardent toujours une même situation, ne doivent pas paroître changer de place, ni se mouvoir. En effet, le spectateur ne remuant pas la tête, les images que toutes les parties du vaisseau exposées à sa vûe, forment dans son œil, n'y changent pas de place; elles occupent toujours les mêmes places dans le fond de son œil, par conséquent les parties de ce vaisseau doivent non-seulement paroître réellement fixes, mais même propres à y comparer les autres objets visibles, pour voir s'ils sont fixes aussi. Or, à cause du mouvement réel du vaisseau, tous les objets qui sont fixes en dehors, doivent à tout moment changer de distance & de situation par rapport à l'œil du spectateur: donc les images de ces objets parcourent successivement différentes places dans son œil; donc ce sont ces objets qui doivent paroître avoir tous les mouvemens du vaisseau.

110. C'est par une semblable illusion que nous sommes portés à croire que le Soleil & tous les astres tournent autour de la terre en 24 heures, & que la révolution du Soleil en un an se fait réellement autour de la terre.

111. 2°. Quand les nuages vont fort vîte , la Lune paroît aller très-vîte dans le sens opposé , & les nuages paroissent tranquilles , parce qu'ils avancent tous ensemble d'un même côté, avec une même vîtesse.

112. PROB. *Etant donnés de position le lieu* S, *(Fig. 7.) où le Spectateur se croit immobile , tant de points* A, B, C, *qu'on voudra de la route réelle d'un mobile dans un plan quelconque, avec les points* a , b , c, *où l'œil du Spectateur se trouve réellement aux mêmes instans , déterminer la route apparente de ce mobile.*

Ayant tiré les droites Aa, Bb, Cc, menez-leur par le point S, les paralleles & égales Sα, Sβ, Sγ, & les points α, β, γ, seront ceux par où passera la route apparente du mobile. Car, par exemple , la droite Sα étant égale & parallele à Aa, le point α est situé de la même maniére & à la même distance du point S, que le point A par rapport au point a. Donc le Spectateur imaginant avoir son œil en S, doit conséquemment imaginer que l'objet est en α. Il en est de même des autres points β, γ, &c.

113. COROLL. I. *Le vrai lieu & le lieu imaginaire de l'œil, le vrai lieu & le lieu apparent de l'objet , forment toujours un parallélogramme.* Le vrai lieu de l'objet & le lieu imaginaire de l'œil sont toujours aux angles opposés ; le lieu apparent de l'objet & le vrai lieu de l'œil sont aux deux autres angles opposés ; ce qui fait que *l'objet paroît toujours dans une situation opposée à celle du vrai lieu de l'œil du Spectateur.*

114. COROLL. II. *Si l'objet est immobile en* A, *sa route apparente* $\alpha\beta\gamma$ *(Fig. 8.) est une ligne égale à la route réelle de l'œil, & située dans un plan parallele.*

Car à cause des parallelogrammes $a\alpha$, $b\beta$, $c\gamma$, dont SA est une diagonale commune, & en même tems une intersection commune de leurs plans, & dont les bases Sa, Sb, Sc, sont situées sur un même plan, qui est celui de la route de l'œil, leurs paralleles & égales Aα, Aβ, Aγ, doivent être aussi dans un même plan parallele au plan de la route de l'œil du Spectateur, & former les angles αAβ, βAγ, égaux aux angles aSb, bSc. Donc les points α, β, γ, doivent être dans une ligne égale à la ligne abc, & dans un plan parallele, mais dans une situation renversée. Ou si l'objet est placé dans le plan de la route de l'œil, la route apparente de l'objet est aussi dans ce plan.

115. Coroll. III. *Si l'objet est immobile & placé dans le lieu où le Spectateur imagine son œil, l'objet paroît à l'extrêmité d'un rayon egal & dans la même direction que le rayon tiré du vrai lieu de l'œil à son lieu imaginaire.* Ainsi si l'œil tourne dans un cercle dont l'objet occupe le centre, & où le Spectateur s'imagine être, l'objet paroît décrire le même cercle, mais dans le point diamétralement opposé à celui où est l'œil du Spectateur, & par conséquent avoir la même vîtesse que l'œil.

116. Rem. Les objets terrestres qui nous environnent de tous côtés & qui sont fixes à notre égard, quoiqu'ils soient réellement emportés avec nous autour du Soleil, nous portent à imaginer que nous sommes en repos au centre du monde, que le Soleil tourne autour de nous quoiqu'il soit véritablement fixe ; & que les planetes qui tournent autour du Soleil, décrivent des courbes fort singulieres, dans lesquelles ces corps vont tantôt d'Orient en Occident, & tantôt d'Occident en Orient, quoique leur mouvement réel ne se fasse jamais que d'Occident en Orient : or par le problême précédent on peut représenter sur un plan tous ces mouvemens apparens. Car si on décrit deux cercles concentriques l'un pour représenter l'orbite de la terre, l'autre pour représenter l'orbite d'une planete, comme de Jupiter, par exemple ; si les rayons de ces deux cercles sont dans le rapport des distances du Soleil à la terre & à la planete, c'est dans cet exemple comme 1 à 5 : si enfin ces deux cercles sont divisés dans le rapport des vîtesses de la terre & de la planete, lequel est dans cet exemple comme 12 à 1, comme si on divisoit le cercle de la terre de 12 en 12 dégrés, & celui de Jupiter de dégrés en dégrés. Alors en marquant les divisions consecutives de l'orbite de la terre par *a*, *b*, *c*, &c. & celles de l'orbite de Jupiter par A, B, C, &c. (en commençant par les points qu'on voudra), mettant S au centre commun de ces deux cer-

C iij

cles, il sera facile de trouver tous les points de la courbe apparente décrite par Jupiter, & par conséquent de rendre raison de toutes les bizarreries apparentes de ses mouvemens.

117. XIII. PROP. *Les objets dont les images se peignent sur les parties du fond de chaque œil, qui ne sont pas homologues, paroissent doubles.*

Les objets paroissent simples quoique vûs avec deux yeux, parce que les deux impressions égales faites sur deux fibres homologues & également tendus, ne sont sensiblement qu'une même impression, ou, ce qui paroît établi par un grand nombre d'expériences, l'ame ne fait attention qu'à une seule de ces deux impressions égales & simultanées. Si les deux images se font sur des fibres qui ne sont pas homologues, les deux impressions seront différentes, & donneront par conséquent l'idée de deux objets.

118. REM. Les deux images se font sur des fibres homologues, lorsqu'on regarde un objet des deux yeux par des rayons qui sont sensiblement paralleles, ou bien lorsque l'on tourne les deux yeux de la même maniere vers l'objet. De-là il arrive que si on a un objet trop près des yeux, il paroît double, parce qu'on ne peut le regarder qu'en inclinant beaucoup les axes de la vision ; l'œil gauche voit cet objet à droite, & l'œil droit à gauche, parce que ces deux axes sont inclinés de ces côtés. De même si on contourne les yeux d'une maniere différente, les objets paroissent doubles, parce que les impressions des objets s'y font en différens endroits. Les personnes yvres voyent souvent les objets doubles, parce que tous les fibres de leurs nerfs & de leurs muscles, sont tellement relâchés qu'ils ne peuvent leur donner les mêmes mouvemens que lorsqu'ils ne sont pas en cet état ; & par conséquent ils ne peuvent souvent tenir leurs yeux dirigés de la même maniere à un objet. C'est aussi ce qu'on reconnoît facilement en regardant leurs yeux.

119. Dans les passions excessives, comme dans la fureur, on voit quelquefois les objets doubles, parce qu'on n'est plus libre de tourner les yeux comme on veut.

SECONDE PARTIE,

Qui contient la Catoptrique & la Dioptrique.

CHAPITRE PREMIER.

Notions générales sur la Catoptrique & la Dioptrique.

ARTICLE PREMIER.

Des Images & des Foyers.

120. A Cause de l'extrême petitesse des atomes lumineux, il est clair qu'un rayon seul ou même un petit nombre de rayons ne peuvent faire une impression sensible sur l'organe de la vûe, dont les fibres sont très-grossiers, en comparaison des rayons de lumiére. Il faut donc un grand nombre de rayons partis d'une même portion de la surface d'un corps, pour rendre cette portion visible. Mais comme les rayons de lumiere partis d'un même point, vont en s'écartant toujours les uns des autres (8), il a fallu imaginer des moyens de les rapprocher, de les réunir en un point donné, même de les écarter à volonté : ce sont ces moyens qu'enseignent la Dioptrique & la Catoptrique ; elles y employent les verres & les miroirs.

121. On peut donc à l'aide des verres & des miroirs réunir en un même point sensible, un très-grand nombre de rayons partis d'un même point d'un objet : & parce que chaque rayon porte avec lui l'image du point d'où il est parti (34), tous ces rayons réunis en un point ne peuvent manquer d'y former une image du point de l'objet d'où ils

C iv

font partis; cette image eft d'autant plus vive, qu'il y aura plus de rayons réunis; & d'autant plus diftincte, qu'ils auront mieux confervé dans leur réunion l'ordre dans lequel ils font partis; elle eft fi fenfible, qu'en plaçant un plan poli & blanchi à l'endroit où la réunion s'eft faite, on la voit peinte avec toutes fes couleurs, fur-tout fi le lieu, où l'expérience fe fait, ne reçoit point d'autre lumiére.

122. Le point de réunion des rayons de lumiere formée par le moyen d'un verre ou d'un miroir, s'appelle *le foyer* de ce verre ou de ce miroir. Si cette réunion eft réelle, le foyer s'appelle *foyer réel*, ou fimplement *foyer*: c'eft le lieu où fe fait l'image de l'objet qui envoye la lumiere, & vers lequel l'objet paroît être réellement, fi plufieurs des rayons qui fe font croifés en paffant par ce foyer, viennent à entrer dans un œil. Si ce point de réunion n'eft autre chofe qu'un point auquel tendent toutes les nouvelles directions qu'on a fait prendre à des rayons qu'on a difperfés par le moyen d'un verre ou d'un miroir, ce point s'appelle *foyer imaginaire*. C'eft auffi le lieu vers lequel l'objet paroît être réellement, lorfque plufieurs des rayons qui ont été difperfés, entrent dans un œil en affez grande quantité, pour y former une image fenfible de l'objet. Car un objet paroît toujours être vers l'endroit d'où fa lumiere paroît venir à notre œil. (21).

123. De ce que chaque rayon porte avec lui l'image de l'objet d'où il eft parti, il fuit que *fi des rayons après s'être entrecoupés, & avoir formé une image à leur interfection, fe trouvent encore réunis par quelque réfraction ou réflexion, ils y forment encore une nouvelle image; & ainfi de fuite, tant que leur ordre ne fera pas confondu*: on peut donc former autant d'images d'un même objet qu'on pourra réunir de fois les rayons qui en font partis, fans les confondre.

124. Il fuit encore que *tant qu'il ne s'agira que de la marche des rayons lumineux, on peut regarder l'image comme l'objet, & l'objet comme l'image; & même une feconde image, comme fi la premiere image eût été l'objet qui l'eût produite, & ainfi de fuite.*

125. Si les rayons d'un faisceau sont inclinés les uns aux autres, on les appellera *divergens* ou *convergens*, selon qu'on les considérera comme s'écartans d'un point de réunion, ou se rapprochans pour se réunir : d'où on voit qu'un foyer est le passage de la convergence à la divergence, & réciproquement.

ARTICLE II.

Loix ou Principes tirés de l'expérience, sur lesquels on fonde les démonstrations de la Dioptrique & de la Catoptrique.

126. **T**Out rayon lumineux qui traversant un milieu, en
I. Loi. rencontre un autre de différente densité ou de différente nature, il change de direction : s'il ne peut pénétrer ce milieu, il se réfléchit à sa surface ; s'il le peut pénétrer, il se brise ou se réfracte en y entrant.

Soit AC (Fig. 9) un rayon qui tombe de l'air sur la surface PQ d'un morceau solide de glace PS : par le point C (où la surface du nouveau milieu est rencontrée par le rayon AC, & qu'on appelle à cause de cela *le point d'incidence*,) élevez la droite MD, perpendiculaire à la surface, (on l'appelle quelquefois le *cathete d'incidence*, & l'angle ACM ou son égal DCB, s'appellent l'*angle d'incidence*.) Si le rayon *incident* AC, trouve quelque obstacle qui l'empêche de pénérer dans le verre, il change de direction en se réfléchissant, & il prend sa route le long de CI : & alors l'angle MCI, s'appelle l'*angle de réflexion*. Mais si le rayon incident AC peut entrer dans le verre, au lieu de suivre sa premiere direction CB, il se détourne ou se réfracte en prenant sa route le long de CT. Alors l'angle DCT, s'appelle l'*angle brisé*, & l'angle TCB, s'appelle l'*angle de réfraction* ; CT s'appelle *le rayon brisé* ou *réfracté*, BE *le sinus de l'angle d'incidence*, & TH *le sinus de l'angle brisé*.

127. II. Loi. *Un point lumineux qui à la rencontre de dif-*
férentes surfaces ou milieux auroit souffert toutes les reflexions,
réfractions, inflexions, &c. qu'exigent la nature de ces milieux
& la position de leurs surfaces, rebrousseroit précisément par la
même route & avec la même vitesse, s'il se trouvoit un obstacle
qui l'obligeât de prendre une direction précisément opposée.

Ainsi un rayon TC qui traverseroit le verre PS, rencontrant sa surface PQ, prendroit sa route le long de CA :
ou ce qui revient au même, un rayon AC qui se seroit
brisé en CT, & qui seroit repoussé en T, dans la direction
TC, sortiroit du verre en prenant la direction CA.

128. III. Loi. *L'angle de réflexion ou de refraction est dans*
le même plan que l'angle d'incidence, & ce plan est perpendicu-
laire à la surface du milieu : car sa position est déterminée
par le cathete d'incidence, qui est perpendiculaire à cette
surface.

129. IV. Loi. *Le sinus de l'angle de réflexion ou de réfrac-*
tion d'un rayon, est dans un rapport constant avec le sinus de son
angle d'incidence.

Dans la réflexion ce rapport est celui d'égalité. Selon
toutes les expériences, la différence est insensible.

130. Le rapport du sinus de l'angle brisé au sinus de
l'angle d'incidence est , lorsque le point lumineux passe de
l'air dans l'eau de pluye, à-peu-près comme 3 à 4, ou plus
exactement comme 3 à 4, 0076 , de l'air dans le verre,
comme 2 à 3, ou plus exactement comme 20 à 31 : du
verre dans l'eau, comme 8 à 9, &c. & réciproquement
le sinus de l'angle brisé est à celui de l'angle d'incidence, dans
le passage de l'eau dans l'air, comme 4 à 3 : du verre dans
l'air, comme 3 à 2, &c.

131. Cor. I. *Lorsqu'un rayon incident est perpendiculaire à*
la surface du milieu qu'il rencontre ; ou il se réfléchit sur lui-
même, ou il traverse le milieu sans se briser. Car alors le sinus
de l'angle d'incidence étant $= 0$, le sinus de l'angle de
réflexion ou de l'angle brisé est $= 0$: ou ce qui est le même, le
rayon reste toujours confondu avec le cathete d'incidence.

132. Cor. II. *Sous quelque angle d'incidence qu'un rayon*

rencontre un milieu pénétrable à la lumière, il peut toujours être réflechi, s'il ne le pénetre pas ; mais lorsque le sinus de l'angle d'incidence doit, par la nature du milieu, être plus petit que le sinus de l'angle brisé, le rayon ne peut pas toujours pénétrer ce milieu en se refractant : ou ce qui est le même, il y a toujours de certaines limites dans les angles d'incidence, au delà desquelles un rayon ne peut plus être réfracté, ni par conséquent sortir du milieu dans lequel il est, pour entrer dans celui qu'il rencontre. Car si un point lumineux tombe de l'air sur une surface d'eau, avec un rayon d'incidence de près de 90°, l'angle de réfraction sera d'environ $48° \frac{1}{2}$, puisqu'alors le sinus total ou le sinus d'incidence, est au sinus de l'angle brisé comme 4 à 3 ; ce qui donne cet angle brisé d'environ $48° \frac{1}{2}$: Donc si un rayon avoit à passer de l'eau dans l'air sous un angle d'incidence de $48° \frac{1}{2}$, il doit sortir de l'eau en rasant sa superficie, & sous un angle brisé d'environ 90° : mais si ce rayon avoit à passer sous un angle d'incidence de plus de $48° \frac{1}{2}$, le sinus de son angle brisé devroit être plus grand que le sinus total ; ce qui est impossible. Il est donc impossible que le rayon sorte : & l'expérience apprend que ce rayon se réfléchit alors sur la surface commune de l'air & de l'eau, & reste dans l'eau. On peut faire le même raisonnement pour les autres milieux, & déterminer les limites des réfractions possibles par le rapport donné des sinus des angles d'incidence & de réfraction.

Nous ne parlerons dans la suite que des surfaces planes ou sphériques, parce que ce sont les seules qui soient en usage dans la pratique des Arts.

CHAPITRE II.
De la Catoptrique.

ARTICLE I.
Des images ou Foyers par réflexion.

133.
PROBL. ÉTant donnés un point ou objet quelconque O, situé sur l'axe AO d'un miroir sphérique quelconque MAB concave (Fig. 10 & 11) ou convexe (Fig. 12), & un rayon incident OM infiniment proche de l'axe AO, trouver le point F de l'axe par où passe le rayon réfléchi au point M.

SOLUTION. Tirez au centre C, de la surface sphérique, la droite MC, laquelle étant (Elem. 459) perpendiculaire à la surface du miroir, au point d'incidence M, est le cathete d'incidence. L'angle OMG ou CME, est donc l'angle d'incidence; & en faisant CMF = OMG, le rayon réfléchi est MD, qui va rencontrer l'axe OA en F.

Pour trouver une expression analytique de AF, ou de son égale MF, (puisque OM & OA sont infiniment proches) : soit OA ou MO, distance de l'objet au miroir, $= \pm d$; ($+ d$ quand le miroir est concave, & $- d$ quand il est convexe : ces signes sont ainsi déterminés par la position du rayon incident OM, à l'égard du demi-diametre AC du miroir :) soit AC $= r$, & FA ou FM $= f$. On a donc FC $= r - f$ (Fig. 10 & 12) ou $= f - r$ (Fig. 11), & CO $= - r + d$ (Fig. 10) ou $= r - d$ (Fig. 11) ou $= r + d$ (Fig. 12). Or (Elem. 560) CO : CF :: MO : MF : ou (Fig. 10 & 11) $\mp r \pm d : \pm r \mp f :: d : f$; d'où on tire la formule générale pour les miroirs concaves $f = \dfrac{dr}{2d - r}$. Et dans la (Fig. 12), dans le triangle CMO, on a (El. 746) CO : MO :: fin CMO ou FMC : fin MCO ou MCF ; or dans le triangle FMC, on a auffi fin FMC : fin MCF :: CF : FM : donc CO : CF :: MO : MF, ou $r + d$: $r - f$ :: d : f : d'où on déduit la formule des miroirs convexes $f = \dfrac{dr}{2d + r}$. De forte que la formule générale pour toutes fortes de miroirs fphériques eft $f = \dfrac{dr}{2d + r}$.

134. REMARQUE I. Cette formule ne donne exactement la valeur de AF qu'autant que le rayon incident OM eft très-proche de l'axe OA, ou que la furface AM du miroir comprife entre le rayon incident & l'axe AO, qui paffe par l'objet O, eft une plus petite partie de la furface totale de la fphére : ainfi MF (Fig. 10 & 12.) étant toujours (Elem. 546) plus grand que AF, plus le rayon incident OM tombe loin du point A, plus le rayon réfléchi MF va rencontrer l'axe AF proche du point A.

135. REM. II. On peut à l'aide de la Trigonométrie rectiligne calculer rigoureufement la valeur de AF, en connoiffant celle de l'arc AM. Car dans le triangle OCM, on connoît OC, CM, & l'angle MCO mefuré par AM : on peut donc (Élem. 760) en conclure les angles COM, CMO & le côté MO. Enfuite dans le triangle FMO on a MO, l'angle FOM, & l'angle FMO double (ou fupplément du double, Fig. 12) de l'angle CME, on aura donc par le calcul le côté OF, & par conféquent AF.

Si le rayon incident OM étoit parallele à l'axe OA ; c'eft-à-dire, fi l'objet étoit à une diftance infinie, l'angle EMC feroit égal à l'angle FCM, & le triangle CMF feroit ifofcele, fes deux angles égaux étant mefurés chacun par l'arc AM. Soit, par exemple, CM = 6 pieds, & l'arc AM de 1 degré, on trouvera FA de 2,99964 pieds. Si AM eft de 10 degrés, on aura AF de 2,95372 pieds : fi AM eft de 30 degrés, alors AF eft de 2,53589 pieds.

136. COROL. I. Puifque toute la lumiere qui part de l'objet O, & qui tombe fur le miroir à peu de diftance du point A, va dans les miroirs concaves paffer par le point F,

de l'axe, ou du moins fort près de ce point F, il suit de-
là qu'il doit se former au point F une image sensible de
l'objet O. Dans les miroirs concaves la réflexion disperse
les rayons qui partent du point O, & les dirige de sorte
qu'ils concourent au point F, & que la lumiere réfléchie
qui entre dans l'œil fait voir l'objet vers F.

137. Coroll. II. Puisque l'image de l'objet O est
placée sur l'axe de la sphere qui passe par ce point O, il
suit que s'il se rencontre quelque obstacle qui empêche de
tirer une droite de l'objet au centre de la sphere, il ne peut
se former d'image de l'objet. De même, dans quelque endroit qu'un œil se place pour voir son image dans un miroir, il ne la voit que dans une ligne qui passe par le
centre du miroir.

138. Rem. III. Si l'objet O envoye des rayons de lumiere en assez grande quantité pour exciter une chaleur
sensible sans être réunis, tels que sont ceux du Soleil, d'un
flambeau, d'un charbon, &c. il est clair qu'étant réunis
par le moyen d'un miroir concave, ils doivent produire
une chaleur proportionnelle à leur densité & à la chaleur
particuliere des rayons incidens. Et c'est là d'où vient le
nom de *foyer* au point de réunion.

ARTICLE II.

Du Lieu, de la Situation, & de la Marche des Images par Réflexion.

139. EN faisant différentes suppositions sur les différentes distances auxquelles un objet exposé à la surface réfléchissante d'un miroir sphérique, en peut être
éloigné, on trouvera facilement le lieu de son image par
le moyen de la formule générale de l'article précédent.
Supposons donc un objet qui étant placé sur la surface d'un
miroir, s'en écarte ensuite jusqu'à l'infini......

140. I°. *Quand la distance au miroir est infiniment petite,* *l'image est infiniment proche derriere le miroir.* Car à cause de $\pm d = \frac{1}{\infty}$, $f = \frac{dr}{2d \mp r}$ devient $f = \frac{1}{\mp \infty}$. Le signe — fait voir que pour le miroir concave l'image est du côté opposé à la direction du demi-diametre de concavité qu'on a supposé $= \mp r$: & par conséquent elle est derriere le miroir : & le signe $+$ fait voir que pour le miroir convexe, l'image est du côté du centre de convexité, dont le demi-diametre a été supposé $= \mp r$. Et comme il est évident que quelque valeur qu'on suppose à d dans la formule $f \pm \frac{dr}{2d \mp r}$, la valeur de f ne peut devenir négative, il suit que *dans le miroir convexe, l'image est nécessairement du côté du centre de convexité, à quelque distance qu'on suppose l'objet :* ce qu'il faut remarquer pour toute la suite de cet article.

141. II°. *A mesure que la distance de l'objet au miroir croît depuis* o *jusqu'à une quantité égale au quart de l'axe de sphéricité ou à la moitié du demi-diametre, l'image s'éloigne derriere le miroir. Dans le concave elle s'éloigne depuis* o *jusqu'à* ∞*, & dans le convexe depuis* o *jusqu'à* $\frac{1}{8}$ *de l'axe.* Car 1°. en supposant d plus petit que $\frac{1}{2} r$, ou $2d$ plus petit que r, on voit que $2d - r$ est une quantité négative ; donc dans le miroir concave f est aussi négatif, & l'image derriere le miroir. 2°. Mais si on fait $d = \frac{1}{2} r$, la formule du miroir concave devient $f = \frac{\frac{1}{2} r r}{o} = \infty$, ce qui fait voir que *l'objet étant placé à une distance égale au quart de l'axe, l'image en est infiniment éloignée ;* ou ce qui est la même chose, *les rayons de lumiere qui vont de l'objet au miroir s'y réfléchissent parallelement entr'eux ;* ils ne peuvent par conséquent se réunir qu'à une distance infinie du miroir. Mais parce qu'on n'a pas plus de raison de supposer que des paralleles se réunissent à l'infini, plutôt vers une de leurs extrémités que vers l'autre, & que par conséquent on est en droit de supposer qu'étant prolongées de part & d'autre à l'infini, elles s'y réunissent de part & d'autre, il suit que dans le cas dont il s'agit ici, c'est-à-dire, que lorsque l'objet est situé à la distance de $\frac{1}{4}$ de l'axe d'un miroir concave, son image en est infiniment éloignée tant en-deçà du miroir qu'au-delà.

142. A l'égard du miroir convexe, on voit qu'en supposant $-d = \frac{1}{2}r$, on a $f = \frac{1}{4}r$.

143. III°. *La distance de l'objet au miroir croissant depuis $\frac{1}{4}$ de l'axe jusqu'à $\frac{1}{2}$ de l'axe, c'est-à-dire, jusqu'à une distance égale au demi-diametre de sphéricité, l'image dans le miroir concave est en-deçà; elle s'approche du miroir depuis l'infini jusqu'à parvenir au centre : & dans le miroir convexe, l'image s'écarte derriere le miroir depuis $\frac{1}{2}$ de l'axe jusqu'à $\frac{1}{6}$.*

Car on voit que tant que d sera plus grand que $\frac{1}{2}r$, ou $2d$ plus grand que r, la formule du miroir concave ne peut devenir négative; ainsi l'image sera toujours du côté de la concavité : & si on met la formule en proportion $d : 2d - r :: f : r$; à cause de d plus grand que $\frac{1}{2}r$ & moindre que r, l'antécédent d est plus grand que le conséquent $2d - r$; donc f est plus grand que r (Elem. 306) : donc l'image est au-delà du centre. Et si $d = r$, alors $2d - r = d$, & $f = r$. Donc *dans le miroir concave l'objet étant au centre, l'image y est aussi*; au lieu que dans le miroir convexe faisant $-d = r$, on a $f = \frac{1}{3}r$.

144. De-là on voit pourquoi en plaçant son œil devant un miroir concave entre le $\frac{1}{4}$ de l'axe & le centre, on n'en peut voir l'image en aucune maniere; elle est derriere l'œil, elle est à l'infini quand l'œil est au $\frac{1}{4}$ de l'axe, & elle vient de l'infini au centre où elle se confond avec l'œil, tandis que l'œil s'écarte depuis le $\frac{1}{4}$ de l'axe jusques au centre : l'œil & son image étant ainsi réunis, tout est confus dans le miroir, parce que l'œil s'y voit partout.

145. IV°. *La distance de l'objet au miroir croissant depuis le demi-diametre de sphéricité jusqu'à l'infini, l'image s'avance vers le miroir concave, depuis le centre jusqu'au $\frac{1}{4}$ de l'axe, & s'eloigne derriere le miroir convexe depuis $\frac{1}{6}$ jusqu'à $\frac{1}{4}$ de l'axe.* Car alors r étant plus petit que d, dans la proportion $d : 2d - r :: f : r$ l'antécédent d est plus petit que le conséquent $2d - r$: donc f est plus petit que r. Et si on fait $d = \infty$, la formule générale devient $f = \frac{1}{2}r$.

146.

146. **Theoreme.** *Si un arc de cercle* OPQ (Fig. 13 & 14)
concentrique à un miroir sphérique BAD *sert d'objet exposé à ce
miroir*; 1°. *l'image* opq *est aussi un arc de cercle concentrique*;
2°. *le rayon de cette image circulaire est plus ou moins grand,
& par conséquent* (Elem. 581) *l'image elle-même est plus ou
moins grande, selon que l'image sera plus loin ou plus près du
centre* C *du miroir.* 3°. *Cette image sera droite*; *c'est-à-dire,
sa situation sera la même que celle de l'objet, tant que l'image &
l'objet seront du même côté, par rapport au centre du miroir : au
contraire, l'image sera renversée, ou dans une situation opposée à
celle de l'objet, si le centre* C *se trouve entre deux.*

Car puisque OPQ est concentrique à BAD, les droites
OB, PA, QD, qui passent par le centre C, & sur lesquelles sont situées les images o, p, q, des points O, P, Q,
sont égales entr'elles : donc d qui exprime leur valeur dans
la formule générale, est une quantité constante, aussi bien
que r : donc f est aussi une quantité constante; c'est-à-dire,
que les droites oB, pA, qD sont égales. Donc opq, OPQ,
BAD, sont des arcs concentriques.

147. Cela posé, il est évident 1°. que lorsque l'image &
l'objet sont du même côté, par rapport au centre, comme
dans la Fig. 14 l'image est située de la même maniere que
l'objet; puisque chaque point de l'image est sur le même
demi-diametre qui passe par le point correspondant dans
l'objet. Mais que si l'image est au-delà du centre, à l'égard
de l'objet, (Fig. 13) les droites sur lesquelles sont les images de chaque partie de l'objet, passant nécessairement par
le centre du miroir, celles qui étoient parties d'un point pris
au-dessus de l'axe qui passe par le milieu de l'objet, se trouvent au-dessous, après avoir passé par le centre, & réciproquement. Donc si une de ces droites qui sont au-dessus
de cet axe, part de la partie supérieure de l'objet, laquelle
est par conséquent située aussi au-dessus de l'axe, l'image
de cette partie doit-être au-dessous, parce qu'elle ne se
forme sur cette droite qu'après que cette droite a passé par
le centre : donc cette image est renversée à l'égard de l'objet.

148. 2°. Il est évident aussi que l'image totale d'un objet

étant renfermée entre des lignes qui concourent au centre, elle doit être d'autant plus petite, qu'elle est plus près du centre du miroir, & réciproquement.

149. COROLL. I. *Dans le miroir convexe, l'image d'un objet formé en arc concentrique au miroir est toujours droite,* puisqu'elle est toujours en-deçà du centre aussi bien que l'objet; *& elle décroît à mesure que l'objet s'éloigne,* puisqu'elle s'approche de plus en plus du centre. *Dans le miroir concave l'image est droite & va en croissant, à mesure que l'objet va de la surface du miroir au $\frac{1}{4}$ de l'axe; elle décroît & est renversée lorsque l'objet va du quart de l'axe au centre; elle croît ensuite, & est encore renversée à mesure que l'objet va du centre jusqu'à l'infini.* Il faut remarquer, principalement dans ce dernier cas, que si l'objet n'augmente pas, mais s'il prend seulement une figure concentrique, à mesure qu'il s'éloigne, son image doit décroître à proportion.

150. COROLL. II. *Plus le rayon de la sphéricité du miroir sera petit, plus les images seront petites; toutes choses d'ailleurs égales.*

151. REMARQUE. Ce Théorême ne peut s'appliquer rigoureusement à toutes sortes d'objets exposés à un miroir sphérique: cependant en les supposant assez petits pour qu'on puisse prendre leur largeur pour un arc concentrique au miroir, on pourra à l'aide de ce qui a été expliqué dans cet article, faire entendre 1°. pourquoi les images des objets exposés à un miroir sphérique, sont tantôt plus, tantôt moins grandes que les objets. 2°. Pourquoi elles sont tantôt droites & tantôt renversées. 3°. Pourquoi elles paroissent se rapprocher de l'objet, quand l'objet s'éloigne du miroir concave, &c.

152. On voit aussi que les images des objets dont la surface n'est pas sphérique-concentrique, doivent être d'autant plus défigurées ou d'autant moins semblables aux objets, que leur surface est plus grande, & que le demi-diamètre de sphéricité du miroir est plus petit. Car, par exemple, une ligne droite exposée à un miroir sphérique, doit avoir une image courbe, parce que les points de cette

ligne droite étant à inégales distances du miroir, les images de ces points en font aussi à inégales distances; mais ces inégalités ne font pas dans un même rapport. Ces images font aussi d'autant plus défigurées que l'objet est plus près du quart de l'axe du côté du miroir concave; car alors les images font fort grandes; & un peu plus ou un peu moins de distance au miroir dans les différentes parties de l'objet, cause de grandes différences de distances & de grandeurs dans les images de ces parties.

ARTICLE III.

Application de la Théorie précédente aux Miroirs plans.

153. IL est aisé de déduire de la formule générale les propriétés des miroirs plans, en supposant que ce font des miroirs sphériques, dont le demi-diametre de sphéricité est infini; c'est-à-dire, en faisant $r = \infty$. Alors la formule $f = \dfrac{dr}{2d - r}$ devient $f = - d$. Ce qui fait voir que *les images qu'on voit par le moyen des miroirs plans, font toujours autant au-delà du miroir que l'objet est en-deça, qu'elles font toujours droites.* Et parce que dans les miroirs sphériques l'image de chaque point d'un objet est dans la droite qui passe par ce point & par le centre, laquelle est par conséquent perpendiculaire à la surface du miroir; *l'image de chaque point d'un objet placé devant un miroir plan, est dans la perpendiculaire tirée de ce point, sur la surface du miroir.* Enfin, à cause que les perpendiculaires tirées des extrémités de l'objet sur le miroir, font paralleles entr'elles, & ne peuvent par conséquent se réunir qu'à une distance infinie où est le centre de sphéricité du miroir, *les images comprises entre ces droites, font égales à l'objet dans toutes leurs dimensions.*

154. On pourroit par de femblables raisonnemens déduire les autres propriétés générales des miroirs plans; mais

comme ces sortes de miroirs sont d'un usage plus familier que les autres, il est à propos d'entrer ici dans quelque détail.

155. THEOREME I. *Dans un miroir plan placé horizontalement, les objets droits paroissent renversés, & réciproquement. Si le miroir est incliné, tous les objets paroissent inclinés en sens contraire. Si le miroir est incliné de 45°, les objets posés verticalement, paroissent posés horizontalement, & les objets horizontaux paroissent verticaux, &c.*

Tout ceci est une suite de ce que les parties d'un objet les plus voisines du miroir ont leurs images au-delà du miroir, les plus proches aussi du miroir; & les parties d'un objet les plus éloignées du miroir, ont leurs images plus loin derriére le miroir. En faisant des figures particulieres pour tous les cas énoncés dans le Théorème, on en trouvera facilement la démonstration.

156. THEOREME II. *La droite de l'image d'un objet vû dans un miroir, paroît à la gauche, & la gauche paroît à la droite.*

C'est une suite de ce que les images sont posées de la même maniere que les objets: les images des parties à droite sont à droite, &c. Or quand nous regardons une personne en face, sa droite est vis-à vis de notre gauche, & réciproquement. Etant accoûtumés de voir ainsi les objets sans miroir, lorsque nous voulons porter la main à gauche, en nous regardant dans un miroir, nous la portons à droite; au lieu de la porter en avant, nous la portons en arriére, de sorte qu'il faut une habitude particuliére pour s'aider d'un miroir.

157. THEOREME III. *L'image d'un objet posé parallelement à la surface d'un miroir plan, paroît n'occuper dans le miroir qu'un espace égal à la moitié de celui que l'objet occupe.*

DEM. Soit AB (Fig. 15.) une dimension quelconque d'un objet parallele au miroir IG; soit *ab* l'image de AB: d'un point quelconque P, pris sur AB, tirez P*a*, P*b*; il est clair que IE est la partie du miroir occupée par l'image *ab*, & qu'à cause que IG est précisément au milieu, entre

AB & *ab*, la partie IE n'est que la moitié de *ab* ou de AB.

158. SCHOLIE. Ainsi pour se voir tout entier dans un miroir posé verticalement, il faut que ce miroir ait au moins la moitié de la hauteur & de la largeur de celui qui s'y regarde en le tenant debout; de sorte que si un Spectateur debout ne peut voir qu'une partie de son image dans un miroir posé verticalement, parce que le reste est caché par les bordures, il ne pourra jamais en voir davantage, soit qu'il s'éloigne ou qu'il s'approche du miroir.

159. THEOREME IV. *Si un miroir tourne sur un axe, le mouvement angulaire des images est double de celui du miroir.*

DEM. Soit AB (Fig. 17.) la situation du miroir, OE un rayon incident, EF le rayon réfléchi : que le miroir tourne ensuite sur un axe qui passe par le point E, & prenne la situation CD; alors le rayon incident OE aura EG pour rayon réfléchi. Je dis que l'angle FEG qui exprime le mouvement angulaire, ou la quantité dont le rayon réfléchi EG s'est écarté de la premiere situation EF, est double de AEC, qui est le mouvement angulaire du miroir. Car le cathete d'incidence est toujours au milieu entre le rayon incident & le rayon réfléchi; & comme il est toujours perpendiculaire au miroir, il a le même mouvement angulaire que le miroir. Si donc le mouvement angulaire du miroir le porte vers le rayon incident, il en écarte d'autant le cathete; & en même tems le rayon réfléchi s'écarte du cathete de la même quantité, afin que ce cathete reste au milieu. Donc le rayon incident se trouve écarté du rayon réfléchi d'une quantité double du mouvement angulaire du miroir.

160. SCHOLIE. Si on fait faire un quart de cercle à un miroir, le rayon réfléchi décrira un demi-cercle. Et c'est par cette raison qu'on fait aller si vîte les images du Soleil présenté au miroir; de même les images du Soleil réfléchies par une eau presque dormante, paroissent toujours très-agitées, sur-tout lorsqu'elles sont reçues un peu loin du point d'incidence, &c.

161. THEOREME V. *Les miroirs faits avec une glace dont*

la surface postérieure est étamée, présentent deux images d'un même objet, l'une antérieure & foible, l'autre plus éloignée & plus vive ; & la distance de ces deux images est égale au double de l'épaisseur de la glace.

Cette apparence vient de ce que la surface antérieure de la glace étant solide & polie, est elle-même un miroir, qui en renvoyant tous les rayons qui ne traversent pas la glace, forme une foible image de l'objet. Cette foible image est d'autant plus sensible, qu'on regarde plus obliquement ; car quand on regarde perpendiculairement, elle est couchée & comme confondue avec la vive image formée par la surface étamée. Si d exprime la distance de l'objet à la surface antérieure, & e l'épaisseur de la glace, la distance de l'objet à l'image vive sera (153) $= 2d + 2e$, & celle de l'image foible à l'objet ne sera que $= 2d$.

162. THEOR. VI. *Tant de miroirs plans qu'on voudra, posés dans un même plan, ne peuvent donner qu'une image d'un même objet.*

Car tous ces miroirs ne font alors l'effet que d'un seul miroir ; & parce que l'image paroît toujours sur le cathete d'incidence tiré de l'objet ; comme on ne peut mener d'un point qu'une seule perpendiculaire sur un plan (Elem. 634), on ne peut donc former qu'une seule image.

163. THEOR. VII. *Si un œil est en* I (Fig. 16.), *au dedans d'un angle quelconque* ABC, *formé par deux miroirs plans* AB, BC ; *il verra autant d'images d'un objet* O, *placé aussi en dedans de cet angle, qu'on pourra abbaisser successivement de l'objet & de chacune de ses images, des perpendiculaires sur chaque miroir en-deçà de l'angle* B.

DEM. 1°. Ayant abbaissé de l'objet O le cathete O D sur le miroir BC, & pris ND = NO, le point D sera le lieu d'une image : car si de l'œil I on tire ID, & si par g, où elle rencontre le miroir, on mene gO, ce sera le rayon incident dont Ig sera le réfléchi, par lequel l'œil voit l'image qui est en D, à cause des triangles rectangles égaux DgN, OgN, qui donnent l'angle OgN = DgN = BgI. 2°. Si du point D on abbaisse sur le miroir AB, la perpendiculaire DE, en prenant kE$=k$D, le point E eſt le lieu d'une ſeconde image, dont l'image en D tient lieu de l'objet. Car à cauſe de ON$=$ND, & des triangles égaux ONf, DNf, le rayon incident Of ſe réfléchit en fi; & à cauſe des triangles rectangles égaux Dki, Eki, le rayon fi ſe réfléchit en iI, & arrive par conſéquent à l'œil en I. 3°. Si du point E on abbaiſſe ſur le miroir BC le cathete EQ, & ſi on prend QF$=$EQ, le point F ſera le lieu d'une troiſieme image, dont l'image en E tient lieu de l'objet. Car à cauſe des triangles rectangles égaux OdN, NDd: Drk, rkE; FQb, bQE, on voit que le rayon incident Od ſe réfléchit en dr, puis en rb, enfin en bI, où il arrive à l'œil. 4°. Si du point F on abbaiſſe une perpendiculaire ſur le miroir AB, on trouvera qu'elle paſſe au-delà en FG, & que par conſéquent il n'y a plus de cathete d'incidence ni d'image.

164. On fera voir de même qu'il y a en H une image de l'objet O, vûe par le rayon Ih, réfléchi du rayon incident Oh: qu'il y en a une ſeconde en K, vûe par le rayon cI, réfléchi de ct, réfléchi du rayon incident Ot: qu'il y en a une troiſieme en L, vûe par le rayon incident Ol, réfléchi en la, puis en ak, enſuite en kI. Qu'enfin il ne peut y en avoir davantage, parce que la perpendiculaire L M abbaiſſée de la derniere image, tombe en dehors du miroir.

165. **Coroll. I.** *Il eſt aiſé de voir par la conſtruction, qu'une premiere image ſe voit par un rayon réfléchi, une ſeconde par deux, une troiſieme par trois, &c.*

166. **Coroll. II.** *La diſtance de chaque image à l'œil, eſt égale à la ſomme de ſon rayon incident, plus ſes rayons réfléchis.* Par exemple, IF$=$O$d$$+$$dr$$+$$rb$$+$$b$I. Car IF$=Ib$$+$$bF, bF=$$bE=$$br$$+$$r$E, & rE$=$$rD=$$rd$$+$$d$D, enfin dD$=$$d$O: donc IF$=Ib$$+$$br$$+$$rd$$+$$d$O. Ainſi *les images s'eloignent à meſure qu'elles ſe répétent.*

167. **Coroll. III.** *La premiere image eſt plus vive que la ſeconde, la ſeconde plus que la troiſieme, & ainſi de ſuite;* tant parce que l'intenſité de la lumiére décroît dans toute cette

marche, que parce qu'il se perd une quantité prodigieuse de rayons à chaque réfléxion.

168. Coroll. IV. *Plus l'angle des deux miroirs sera grand, moins il pourra y avoir d'images.* Car les cathetes d'incidence s'écartant les uns des autres, par un mouvement angulaire égal à celui des miroirs qu'on écarte, ils se portent de plus en plus vers le sommet de l'angle des miroirs, & tombent successivement en dehors, où ils ne peuvent plus contenir des images. Ainsi, *plus on ouvre l'angle formé par deux miroirs, plus les images paroissent s'approcher de cet angle, pour se confondre, puis se cacher derriere :* en sorte que lorsque l'angle des miroirs est devenu droit, il ne peut y avoir plus de deux images; & que quand il est devenu infiniment obtus, il ne peut plus y en avoir qu'une, parce que (162.) le nombre des images dépend toujours du nombre des perpendiculaires qu'on peut abbaisser de l'objet ou des images de l'objet sur les deux miroirs.

169. Coroll. V. *Si deux miroirs sont paralleles, & si l'œil & l'objet sont dans une même perpendiculaire au plan de ces deux miroirs, l'objet a une infinité d'images,* mais elles vont toujours en s'éloignant & en s'affoiblissant, de sorte qu'elles ne sont bien-tôt plus sensibles.

ARTICLE IV.

Des Miroirs Cylindriques, Coniques, &c.

170. LEs miroirs cylindriques, coniques, prismatiques & pyramidaux, ne sont guère que de pures curiosités: ils servent à défigurer les objets auxquels on les présente, ou à faire paroître réguliere l'image d'un objet défiguré exprès.

171. Les miroirs prismatiques & pyramidaux n'étant que des miroirs plans verticaux & inclinés, ils n'ont pas besoin d'une explication particuliere. Les cylindriques doivent être considérés comme un assemblage de miroirs en partie plans & droits, en partie sphériques ; & les coniques sont des miroirs en partie plans & inclinés, & en partie sphériques : de sorte qu'en combinant les propriétés des miroirs plans avec celles des sphériques, on concevra aisément les raisons des dépravations des images régulieres, & réciproquement.

172. Par exemple, un objet régulier étant présenté verticalement devant un miroir cylindrique, posé aussi verticalement, on voit que toutes les dimensions verticales de l'objet ne doivent pas être défigurées, à quelque distance du miroir que l'objet soit, puisque ces dimensions se présentent devant des miroirs plans & verticaux ; mais que les dimensions horizontales doivent être défigurées, à proportion qu'elles sont plus ou moins éloignées d'être concentriques au miroir, & qu'elles en sont à des distances plus inégales (152), puisque ces dimensions se présentent à des miroirs sphériques. Ainsi les images des différentes parties de cet objet, étant les unes réguliéres, les autres dépravées, leur assemblage fait une figure très - irréguliére & méconnoissable.

173. Voici une maniere de dessiner sur un plan un objet défiguré, de sorte qu'en posant verticalement, & en un endroit marqué sur ce plan, un miroir cylindrique, d'un rayon donné, cet objet paroisse droit & régulier, vû d'un point donné.

Sur un plan à part on dessine cet objet réguliérement & selon toutes les dimensions qu'il doit avoir ; en sorte cependant que sa plus grande largeur n'excéde pas la longueur de la corde d'un arc de 130 à 140 dégrés du cylindre. On renferme ce dessein dans un parallelogramme (Fig. 18.) rectangle AFK*a* (qu'on appelle *le Ponsif.*) On divise ce rectangle en plusieurs petits quarrés ou autres rectangles égaux, afin de partager le dessein en plusieurs petites parties. Sur le plan donné on décrit la place où la base du cylindre doit être posée ; c'est une portion de cercle FTK (Fig. 19.) dont le rayon doit être égal à celui de la base du cylindre, & on y porte une corde FK, égale au côté

FK du Ponſif, qui répond au pied de la figure deſſinée.
On diviſe auſſi la corde FK comme la droite FK du Ponſif. Par le milieu H de la corde FK, on tire une perpendiculaire HO, qu'on termine en O, au point au-deſſus
duquel on veut que l'œil ſoit placé, pour regarder le cylindre. Du point O, on tire par les diviſions de la corde
FK, des droites indéfinies OA', Og', Ob', Oi', Ok', ſur
l'une deſquelles, comme OF, on éleve une perpendiculaire
OV, égale à la hauteur à laquelle on veut que l'œil ſoit au-
deſſus du point O, c'eſt-à-dire, au-deſſus du plan du deſ-
ſein défiguré. Sur la même droite OF, & en partant du
point F, où elle coupe KF, on éleve une perpendiculaire
FA, égale au côté AF du Ponſif, & diviſée comme lui.
Par V, & par les points de diviſion de FA, on tire des
droites indéfinies VF, VE', VD', VC', VB', VA', qui
vont rencontrer la droite OA', en des points par leſquels
on mene à FK les paralleles $E'e'$, $D'd'$, $C'c'$, $B'b'$, $A'k'$,
& l'on a, ſelon les Loix de la Perſpective, un trapeze
$KFA'k'$, qui eſt la perſpective du ponſif AK, vû du point
où l'œil doit être placé pour voir l'objet dans le cylindre,
c'eſt-à-dire, vû d'un point élevé au-deſſus de O d'une quantité égale à OV.
Par le centre Q de l'arc FTK du pied du cylindre, &
par les points d'incidence F, S, T, K, où les droites ou
rayons OF, OG, OI, OK, rencontrent cet arc, on
mene les cathetes d'incidence QL, QP, QR, QX, puis
les droites indéfinies Fa, Sg, Ti, Kk, qui faſſent les angles aFL$=$OFL, gSP$=$OSP, iTR$=$OTR & kKX
$=$OKX, & qui ſont (133.) les rayons réfléchis. Sur ces
droites ou rayons réfléchis, on porte les diviſions des droites
correſpondantes du trapeze perſpectif, c'eſt-à-dire, des
droites FA', Sg', Mb', Ti', Kk', & par tous les points
trouvés de la ſorte, on fait paſſer des courbes qui ſont
preſque des arcs de cercles concentriques, dont le centre
eſt en H, & qui repréſentent les droites Aa, Bb, Cc, Dd,
Ee, FK du ponſif, de même que Fa, $G'g$ $H'b$, $I'i$, Kk
repréſentent les côtés FA, Gg, Hb, Ii, Ka du ponſif,

& qu'enfin chacun des espaces ou trapezes mixtilignes repréſentent les petits quarrés ou rectangles du ponſif. Si donc on place le cylindre ſur l'arc FTK, & l'œil au point de vûe déterminé, on verra dans le cylindre une image réguliere du Ponſif. Et par conſéquent en rapportant ſur chaque trapeze mixtiligne les parties de la figure deſſinée dans chaque quarré ou rectangle correſpondant dans le ponſif, on aura la figure dépravée qu'on demande.

CHAPITRE III.

De la Dioptrique.

ARTICLE I.

Des Images ou des Foyers par une ſimple réfraction.

174. PROB. *E*Tant donnés un objet O (Fig. 20 & 21) de poſition à l'égard d'une ſurface réfringente-ſphérique BAI, d'un rayon de ſphéricité donné AK, & le rapport du ſinus d'incidence à celui de l'angle briſé, trouver le lieu P de l'image formée par la réfraction.

Soit le rapport donné comme *p* à *q*. Par l'objet O & par le centre K, menez une droite indéfinie OA, pour être l'axe de ſphéricité qui paſſe par l'objet O. Soit un rayon incident OI, infiniment proche de l'axe OA; tirez du centre K au point d'incidence I, un demi-diamétre KI, qui ſera le cathete d'incidence. Sur le rayon incident OI, (prolongé s'il eſt néceſſaire,) abbaiſſez du centre la perpendiculaire KG, qui ſera le ſinus de l'angle d'incidence OIN ou KIG: faites comme *p* à *q*, ainſi KG, eſt à un quatrieme terme, avec lequel comme demi-diamétre, décrivez du centre K un arc, auquel on puiſſe du point I mener une tangente IH, qui ira couper l'axe AO au point cherché P. Car en abaissant une droite KH au point de contact, on voit qu'elle est le sinus de l'angle KIP, lequel par conséquent est l'angle brisé du rayon incident OI. Et parce qu'on a la même construction pour tous les rayons qui tombent du point O sur la surface du verre, infiniment près du point A, il suit qu'ils se brisent, de sorte qu'ils sont tous dirigés au point P, où est par conséquent le foyer ou l'image.

175. Pour avoir une expression analytique de AP, soit OA ou OI $= d$, le rayon de sphéricité KI ou AK $= \overline{+ r}$ ($+ r$ quand l'objet est placé du côté de la convexité Fig. 20), & $- r$ quand l'objet est du côté de la concavité, (Fig. 21). Soit AP ou IP $= f$. Par la construction précédente $p : q :: $ KG : KH; donc KG $= \dfrac{p \times KH}{q}$. Or en supposant OI infiniment proche de OA, l'arc AI, n'est qu'une droite perpendiculaire à l'axe OA; les triangles rectangles AOI, OKG sont semblables, aussi bien que PAI, PKH : Donc OK : OI :: KG : AI $= \dfrac{OI \times KG}{OA}$. Et KH : AI ou $\dfrac{OI \times KG}{OK}$ :: PK : PI ou PA. Donc PA $= \dfrac{OI \times KG \times PK}{OK \times KH}$. Et en substituant les valeurs analytiques, pour en déduire la valeur de f, on trouve $f = \dfrac{dpr}{dp - q(d+r)} = \dfrac{dpr}{d(p-q) - rq}$ pour les surfaces convexes, & $f = \dfrac{dpr}{d(q-p) - rq} = \dfrac{dpr}{q(d-r) - dp}$ pour les surfaces concaves.

176. On peut faire sur l'exactitude de ces formules, & sur les images qu'elles donnent, les mêmes réflexions que ci-dessus (135). On peut même y appliquer le théorême du n°. 146 avec sa Démonstration & ses Corollaires, ce qu'on supposera pour la suite.

ARTICLE II.

De la Marche des Images, qui répond à celle d'un objet, dans le passage de la Lumiere de l'air dans le Verre, & réciproquement.

Comme l'usage le plus important de la Dioptrique est la connoissance des Loix que suit la lumiere, en passant de l'air dans les verres & réciproquement, afin d'avoir une idée exacte de l'effet des Lunettes, Télescopes & Microscopes, nous y appliquerons ici pour exemple les deux formules précédentes.

177. Dans le passage de l'air dans le verre $p = 31$ & $q = 20$, les deux formules de l'article précédent se réduisent donc à $f = \dfrac{31\, dr}{11d - 20r}$ pour les surfaces convexes, $f = \dfrac{31\, dr}{-11d - 20r}$ pour les surfaces concaves.

178. Soient deux milieux infiniment étendus l'un d'air & l'autre de verre homogenes chacun dans leur espece, séparés seulement par une surface sphérique. Supposons d'abord que cette surface soit convexe du côté de l'air, & qu'un objet lumineux de peu d'étendue y étant placé, il s'en éloigne jusques à l'infini en traversant l'air dans une direction perpendiculaire à cette surface; par la formule $f = \dfrac{31\, dr}{11d - 20r}$ on déterminera comme on a fait pour les miroirs sphériques (n°. 140 & suivans), toutes les circonstances de la marche de l'image de cet objet selon les différentes valeurs de la distance d, que nous exprimerons en parties dont r sera pris pour l'unité.

Ainsi tant que d sera entre $d = \frac{1}{\infty} r$ jusques à $d = \frac{11}{20} r$, f sera toujours négatif, & sa valeur croîtra jusques à l'infini, par conséquent l'image sera toujours en dehors du verre ou du même côté que l'objet, puisque dans le calcul de la formule on a supposé que f positif exprimoit la distance de la surface réfringente à l'image placée en-deça de cette surface par rapport à l'objet : cette image sera aussi toujours droite (149), elle ira en s'éloignant depuis cette surface jusques à l'infini, & les rayons qui pénétrant le verre détermineront le lieu de cette image par le concours de leurs directions, seront de moins en moins divergens jusques à ce qu'ils deviennent parallèles. Depuis cette valeur $d = \frac{11}{10}r$ jusques à $d = \infty\, r$, f est toujours positif ; l'image se forme en dedans du verre & renversée ; elle vient de l'infini vers la surface réfringente jusques à la distance de $\frac{31}{11}r$, & les rayons qui pénétrant le verre la formeront, passeront du parallélisme à une convergence de plus en plus grande.

179. Mais si la surface qui sépare les milieux est concave du côté de l'air, alors la formule $f = \dfrac{31dr}{-11d - 20r}$ fait voir que quelle que soit la distance de l'objet à cette surface, ou quelle que soit la valeur de d, on a toujours f négatif, donc l'image est toujours en dehors du verre & droite ; & que d croissant depuis $\frac{1}{20}r$ jusques à $\infty\, r$, f croît depuis l'infiniment-petit jusques à $\frac{31}{11}r$, l'image va donc en s'éloignant depuis la surface réfringente jusques à la distance de $\frac{31}{11}r$, & les rayons qui pénétrent le verre sont divergens, mais de moins en moins.

180. Si nous avions supposé que l'objet fût placé en dedans du verre sur la surface qui sépare les deux milieux, & que sa marche se fût faite aussi en dedans du verre, alors $p = 20$ & $q = 31$, de sorte que la formule pour la surface convexe devient $f = \dfrac{20dr}{-11d - 31r}$, & pour la surface concave,

$$f = \frac{20dr}{11d - 31r}.$$

Si donc on suppose l'objet placé d'abord sur une surface convexe, il est clair par un calcul & par un raisonnement semblable aux précédens, que tandis que l'objet s'éloignera à l'infini, l'image sera droite, restera en dedans du verre & s'écartera de la surface commune jusques à la distance $\frac{12}{11}r$, de forte que les rayons qui passeront dans l'air deviendront de plus en plus divergens.

181. Si enfin l'objet étoit placé d'abord sur une surface concave, la formule $f = \dfrac{20dr}{11d - 31r}$ fait voir que f sera négatif dans toutes les valeurs de d, depuis $d = \frac{1}{30}r$ jusques à $d = \frac{31}{11}r$: qu'ainsi l'image sera droite en dedans du verre, & s'éloignera de la surface réfringente jusques à une distance infinie, les rayons qui passeront dans l'air seront de moins en moins divergens jusqu'à ce qu'ils soient devenus parallèles : mais depuis $d = \frac{31}{11}r$ jusques à $d = \infty\, r$, f sera positif, l'image renversée & s'approchant dans l'air de la surface réfringente jusques à la distance de $\frac{20}{11}r$, les rayons qui entreront dans l'air convergeront de plus en plus.

On peut comme dans cet exemple, suivre la marche de l'image d'un objet par rapport à deux milieux l'un d'air & l'autre d'eau, ou par rapport à deux milieux l'un de verre & l'autre d'eau.

ARTICLE III.

Des Images faites par une double réfraction.

Dans l'usage des verres, il y a ordinairement une double réfraction, savoir, une à l'entrée, & une autre à la sortie du verre.

182. PROB. I. *Etant données les dimensions d'une Lentille quelconque* AB, *(Fig. 22.) la position d'un objet* O *sur l'axe commun de sphéricité des surfaces de la Lentille, dont les centres sont en* C *& en* K, *trouver le point* F *de cet axe où un rayon* OI, *infiniment proche de l'axe* OA, *va couper cet axe, après deux réfractions, l'une en* I, *& l'autre en* T.

SOLUTION. Soit $OA = d$, $CB = R$, $KA = r$, $FB = x$, $PB = z$, la figure fait voir que le point P est le point de l'axe, où il est rencontré par la direction du rayon incident OI, après la première réfraction en I ; soit AB, qui est l'épaisseur de la Lentille $= e$. Soit le rapport des sinus d'incidence & de réfraction à l'entrée de la Lentille comme p à q, & à la sortie comme q à p. Soient enfin $CD = m$, & $KG = n$. La figure fait encore voir que $p : q :: KG$ ou $n : KH = \dfrac{nq}{p}$: & que $q : p :: CD$ ou $m : CE = \dfrac{mp}{q}$.

Cela posé, à cause des triangles rectangles semblables OAI, OKG, on a OG ou $OK : OA :: GK : AI$, ou $d + r : d :: n : AI = \dfrac{dn}{d+r}$: & à cause des triangles semblables PAI, PKH, on a PA ou $z + e : PH$ ou $z + e - r :: AI$ ou $\dfrac{dn}{d+r} : KH$ ou $\dfrac{nq}{p}$: mettant en équation $\dfrac{dnz + den - dnr}{d+r} = \dfrac{nqz + enq}{p}$; d'où on tirera la valeur de $z = \dfrac{deq + eqr + dpr - dep}{dp - dq - qr}$. A cause des triangles semblables PCD, PBT, on a PD ou $z + R : PB$ ou $z :: CD$ ou $m : BT = \dfrac{mz}{z+R}$. Enfin les triangles semblables FCE, FBT, donnent FC ou $x + R : FB$ ou $x :: CE$ ou $\dfrac{pm}{q} : BT$ ou $\dfrac{mz}{z+R}$: mettant en équation pour avoir une autre valeur de z, on trouve $z = \dfrac{pRx}{qx + qR - px}$: faisant enfin une équation des deux valeurs de z, afin de pouvoir en conclure la valeur de x, on a, toutes réductions faites,

$$x = \frac{dpqRr + deqqR - depqR + eqqrR}{dppR - dpqR - pqrR - deqq - dpqr + 2depq - depp + dppr - eqqr + epqr}.$$

183. Cette équation générale se réduit à une expression bien plus simple, selon les cas où on l'applique. Car s'il s'agit d'une Lentille de verre, $p = 31$, $q = 20$, & la formule précédente devient

$$x = \frac{620\,drR - 220\,deR + 400\,erR}{341\,dR + 341\,dr - 620\,rR - 121\,de + 220\,er} :$$ & si on fait $e = 0$, en négligeant l'épaisseur du verre,

$x =$

$$x = \frac{620\,dr\,R}{341\,dR + 341\,dr - 620\,rR} = \frac{20\,dr\,R}{11\,dR + 11\,dr - 20\,rR} :\ \text{Enfin}$$

si on suppose les deux sphéricités égales , $r = R$, &

$$x = \frac{10\,dr}{11\,d - 10\,r} .$$

184. REMARQUE I. Etant donné l'arc AI, compris entre le point A de l'axe commun des deux surfaces sphériques, & le point I, où tombe un rayon oblique OI, parti d'un point O pris sur cet axe, on peut calculer par la Trigonométrie rectiligne le vrai point F, où le rayon OI, rencontre le même axe après ses deux réfractions. Car dans le triangle OKI, on connoît OK, KI & l'angle AKI; le calcul donnera donc IO & l'angle KIO, dont le supplément est KIG. Dans le triangle rectangle IKG, on a IK & l'angle KIG; on calculera donc KG. On fera ensuite $p:q::$ KG : KH : & dans le triangle rectangle KIH, ayant KI & KH, on calculera aisément l'angle KIH. Dans le triangle KIP, on a IK & les angles IKP KIP; on aura donc KP & l'angle KPI. Dans le triangle PCD rectangle en D, on a PC = PK + KA + CB − AB , & l'angle CPD, qui donne l'angle PCD; on aura donc CD : on fera $q:p::$ CD : CE. Ensuite dans le triangle rectangle CTD, on connoît CT & CD ; ce qui servira à trouver l'angle TCD. Dans le triangle CTE, on connoît CT & CE, d'où on calculera l'angle ETC, dont le supplément est CTF. Enfin dans le triangle CTF, on a le côté TC, l'angle CTF & l'angle FCT = PCD − TCD; on aura donc CF, & par conséquent BF = CF − CB.

Si l'objet O est à une distance infinie, le calcul devient un peu plus court : car OI étant alors parallele à l'axe, l'angle KIG = AKI est mesuré par l'arc donné AI.

185. REM. II. Par le calcul précédent , ou même par une simple construction géométrique, il est aisé de voir que *lorsqu'un rayon OI tombe à quelque distance du point A de l'axe commun des deux surfaces, la courbure de l'arc AI porte plutôt ce rayon vers l'axe; ce qui fait que le point F, où il le coupe, est plus près du point B, à proportion que cet*

arc AI eſt d'un plus grand nombre de degrés.

186. PROB. II. *Etant données les dimenſions d'une Lentille quelconque AD, (Fig. 25.) dont les centres de ſurfaces ſont en C & en K, la poſition d'un objet O hors de l'axe BK de la Lentille, mais autant éloigné de la Lentille, que le point B qui eſt dans l'axe, trouver le point F où les rayons de lumiere, partis du point O, vont ſe réunir après avoir traverſé la Lentille.*

SOLUTION. Par le point O & par le centre K, menez OK, qui ſera un axe de ſphéricité de la premiere ſurface ALD; & (174) tous les rayons partis du point O, & qui tombent ſur cette ſurface (dont on ſuppoſe l'étendue d'un très-petit nombre de degrés,) doivent tendre à concourir en un point P, pris ſur cet axe : (ce point P ſe détermine par la formule du N°. 175.) de même que tous les rayons partis du point B tendent à ſe réunir en *p*. On peut maintenant regarder le point P, comme un objet placé dans une maſſe de verre, d'où partent des rayons qui tombent ſur la ſurface ATD : donc menant par P & par C, centre de convexité de cette ſurface, une droite PC, qui en ſoit l'axe, tous les rayons partis du point P doivent (174) ſe réfracter à cette ſurface, de ſorte qu'ils ſe dirigent en un même point en-deçà de T, comme F;) lequel ſe détermine par là formule du N°. 175) de même que le point *p* étant une premiere image de l'objet B, formée par la réfraction ſur la ſurface ALD, devient un objet à l'égard de la ſurface ATD, qui par une ſeconde réfraction, forme en *f* une image de l'objet *p*, ou une ſeconde image de l'objet B.

187. COROLL. I. En négligeant l'épaiſſeur du verre, & en ſuppoſant que les points B, O en ſoient à égales diſtances, il eſt clair que les points *p*, P en ſont auſſi également éloignés, puiſqu'on les trouve chacun par la même formule, avec des données égales; & par la même raiſon, les points *f*, F, ſont auſſi également éloignés du verre.

188. COROLL. II. Ce qu'on vient de dire du point O, pouvant s'appliquer à tous les points de la ſurface viſible d'un objet, on voit maintenant la formation des images entieres d'un objet, leſquelles ſont des figures à très-peu-

près semblables à celles des surfaces visibles des objets.

189. COROLL. III. Lorsque toutes les parties d'un objet fort étendu, ou lorsque plusieurs objets, sont à une même distance du verre, leurs images doivent se peindre distinctement dans une assez grande portion de sphére dont le verre est le centre.

190. COROLL. IV. *Il suffit donc de calculer, par le moyen des formules précédentes, la position de l'image du point de l'objet qui est dans l'axe des verres, pour avoir celle de l'image entiere de l'objet.*

191. COROLL. V. On voit aussi par la construction précédente, que lorsque l'objet OB est assez éloigné, pour que l'image se fasse au-delà d'un des rayons de convexité du verre, cette image est renversée; c'est-à-dire, que ses parties sont dans une position opposée à celle des parties correspondantes de l'objet.

192. REM. L'expérience fait voir que l'étendue dans laquelle les images des objets présentés à une Lentille, se fait distinctement, est très-considérable. Car si on a une chambre obscure (comme il a été dit n°. 5,) & si ayant fait une ouverture de 2 à 3 pouces de diametre, on la recouvre avec un verre convexe, on verra sur un carton blanc, posé à une distance proportionnée à la longueur des rayons de convexité, & à l'éloignement des objets, des images renversées de tous les objets exposés au trou, avec des couleurs d'autant plus vives, que ces objets seront mieux éclairés : & toutes ces images seront assez distinctes, quoiqu'elles le soient d'autant plus, qu'elles représenteront des objets situés plus près de l'axe de la Lentille.

193. THEOR. *Lorsque les deux surfaces d'une Lentille convexe ou concave sont d'un égal rayon de sphéricité, parmi les rayons de lumiere, qui étant partis d'un point O (Fig. 23 & 24) pris hors de l'axe, tombent sur cette Lentille, celui qui passe par le point I de l'axe qui est au milieu de l'épaisseur de la Lentille, sort après ses deux réfractions dans une droite TF, parallele à la direction OD, qu'il avoit avant que de rencontrer la Lentille. C'est pour cela que dans la suite on l'appellera le rayon principal.*

Dem. A cause des deux arcs ALD, ATD égaux, &
d'un même rayon, la figure de la Lentille est un polygone
symmétrique d'une infinité de côtés, dont le centre est I;
d'où il suit que le rayon de lumiére TL, qui passe par I,
aboutit à deux des côtés paralleles (& égaux, dont les positions sont déterminées par les tangentes GL, HT.) Donc
ce rayon doit se réfracter également de part & d'autre;
c'est-à-dire, que l'angle brisé ILO doit être égal à l'angle
brisé ITF, & par conséquent (Elem. 434.) les directions
MO, TF, doivent être paralleles.

194. Coroll. I. *Si le verre étoit plat d'un côté, & convexe ou concave de l'autre, alors le rayon principal seroit celui
qui entreroit dans le verre, ou qui en sortiroit par le sommet de
la courbure, selon que cette courbure seroit dirigée ou opposée à
l'objet :* car le sommet de la courbure est un plan infiniment
petit, parallele à la surface plane de la Lentille.

195. Coroll. II. *En négligeant l'épaisseur de la Lentille,*
le rayon principal en sort dans la même droite, selon laquelle il y est entré ; ou ce qui est le même, *tout rayon
oblique à la Lentille, qui tend au point de son axe, qui est au
milieu de son épaisseur, la traverse en ligne droite, ou sans souf-
frir de réfraction.*

ARTICLE IV.

*De la Marche & de la situation des Images formées
par une double Réfraction.*

196. I. LOrsqu'une Lentille de verre est également
convexe des deux côtés, si on suppose qu'un
objet lumineux d'une petite étendue soit placé d'abord sur
une des surfaces au point où elle est rencontrée par l'axe
commun de sphéricité, qu'ensuite cet objet s'éloigne du
verre jusques à l'infini sans cependant sortir de cet axe commun, il est clair par la formule $x = \dfrac{10dr}{11d - 10r}$ (183) que

l'image de cet objet se fera toujours dans le même axe, que parce que x dans cette formule est négative & croissante dans toutes les valeurs de d depuis $d = \frac{1}{2} r$ jusques à $d = \frac{10}{11} r$, l'image confondue d'abord avec l'objet même & droite, ira du même côté que l'objet en s'éloignant du verre jusques à l'infini, & les rayons qui la formeront sortiront du verre de moins en moins divergens jusques à devenir parallèles. Dans toutes les autres valeurs de d depuis $d = \frac{10}{11} r$ jusques à $d = \infty\, r$, la valeur de x est positive & décroissante, l'image sera renversée & du côté opposé à l'objet, elle reviendra de l'infini jusques à une distance du verre $= \frac{10}{11} r$, & les rayons qui la formeront, sortiront du verre d'abord parallèles, puis convergens de plus en plus.

197. II. Si la Lentille est un verre plan convexe, un des rayons de sphéricité est infini, soit donc $R = \infty$, la formule $x = \dfrac{20drR}{11dR + 11dr - orR}$ devient $x = \dfrac{20dr}{11d - 20r}$, & en faisant les mêmes suppositions que dans le n°. précédent pour les différentes positions d'un objet à l'égard de cette Lentille, on trouve que la marche de l'image se fait de la même manière, excepté qu'à égales valeurs de d, celle de x est toujours plus grande, & que l'image n'est infiniment éloignée que lorsque $d = \frac{10}{11} r$.

198. Rem. On peut demander s'il est indifférent de présenter à l'objet la surface plane de la Lentille ou sa surface convexe : à quoi l'on doit répondre, qu'en négligeant l'épaisseur du verre, cela est indifférent : mais que si on y a égard, l'image est plus éloignée de la surface convexe, lorsqu'on présente la surface plane à l'objet, qu'elle n'est éloignée de la surface plane lorsque la surface convexe est tournée vers l'objet : si l'objet est fort éloigné du verre, cette différence est environ les $\frac{2}{3}$ de l'épaisseur du verre. Car si dans la formule $x = \dfrac{620drR - 220deR + 400erR}{341\,dR + 341\,dr - 620rR - 121\,de + 220\,er}$

(183) on fait $d = \infty$ & $r = \infty$, pour exprimer que AI est une surface plane (Fig. 22) tournée vers l'objet O, cette

formule ſe reduit à $x = \frac{620}{341} R$: mais ſi on fait $R = \infty$ pour exprimer que BT eſt une ſurface plane oppoſée à l'objet O, la formule ſe réduit à $x = \frac{620}{341} r - \frac{110}{341} e$. Cette Remarque eſt utile dans l'uſage des Téleſcopes par réfraction où l'on employe des Réticules ou Micrometres, comme on verra dans la ſuite : les objectifs de ces Téleſcopes ſont ſouvent des verres plans convexes, & lorſque l'on les ôte de leur place pour les nettoyer, il faut avoir ſoin de replacer la même face du même côté, ſans cette précaution les fils des réticules ou micrometres pourroient ſe trouver à plus d'une ligne de leur vraie place, ſi le verre objectif avoit plus de 1 ligne $\frac{1}{2}$ d'épaiſſeur.

199. III. Si la Lentille de verre eſt également concave des deux côtés, alors le rayon KA (Fig. 22) eſt tourné vers l'objet O & il faut le faire $= - r$; le rayon CB qui étoit dirigé vers l'objet, eſt tourné de l'autre ſens, il doit donc être $= - R$, & par ce moyen la formule pour les verres également convexes ſervira pour les verres également concaves, & ſera $x = - \dfrac{10\,dr}{11\,d + 10\,r}$; & l'on voit auſſi qu'en ſuppoſant un objet placé ſur une des ſurfaces au point par où paſſe leur axe commun, que cet objet aille le long de cet axe juſques à l'infini, ſon image va dans le même ſens & le long du même axe depuis le verre juſques à une diſtance égale à $\frac{10}{11} r$, elle eſt toujours droite, & formée par des rayons qui en ſortant du verre divergent de plus en plus ; car la valeur de x dans cette formule ſera toujours négative, quelle que ſoit celle de d.

200. IV. Si la lentille eſt un verre plan concave, ſa formule ſera $x = - \dfrac{20\,dr}{11\,d + 20\,r}$, la marche de l'objet & de l'image ſe fait de la même maniere qu'à l'égard du verre également concave, excepté que la valeur de x eſt toujours plus grande, & que la plus grande diſtance poſſible de l'image au verre eſt $\frac{20}{11} r$.

201. Enfin ſi la lentille eſt *Meniſque*, c'eſt-à-dire, concave d'un côté & convexe de l'autre, pour avoir une for-

mule qui lui convienne, il faut changer le signe d'un des rayons de sphéricité ; il faut mettre, par exemple, $-R$ à la place de R dans les formules du n°. 183 : On aura, en négligeant l'épaisseur du verre, $x = \dfrac{10\,dr\,R}{11\,dR - 11\,dr - 10\,r\,R}$, & par différentes suppositions de d, on trouvera la marche de l'image ; mais nous n'entrerons pas dans le détail, tant à cause du peu d'usage qu'on fait de ces sortes de lentilles, que parce qu'il faudroit examiner plusieurs cas. C'est par les mêmes raisons que nous ne parlons pas des verres concaves ou convexes, dont les surfaces ont des sphéricités de différens rayons.

202. REM. *On peut supposer dans la pratique qu'un objet est infiniment éloigné à l'égard d'une lentille, lorsque sa distance est mille ou dix mille fois plus grande que le rayon de sphéricité.* Ainsi si dans la formule $x = \dfrac{10\,dr}{11\,d - 10\,r}$ on suppose $r = 10$ pouces, & $d = 10000$, c'est-à-dire d mille fois plus grand que r, on trouve $x = 9,102$ pouces. Mais si on fait $d = \infty$, on a $x = 9,091$ pouces, il ne s'en faut donc que de $\frac{1}{100}$ de pouce environ que l'image ne soit au même point, soit qu'on suppose l'objet à une distance mille fois plus grande que n'est le rayon de sphéricité d'une lentille, soit qu'on le suppose à une distance infinie.

CHAPITRE IV,
De la Vision.

ARTICLE I.

Description de l'Œil, & des Images qui s'y forment.

203. L'Œil est enveloppé de trois tuniques : la premiere & extérieure EDNNDE (Fig. 26.) s'appelle *la Cornée* ; elle est d'une figure sphérique, dont la partie DED est un segment d'une plus petite sphere que le reste, & transparente comme une feuille de corne fine : la seconde PIIP, s'appelle la *Sclérotique* ; elle a une ouverture PP, qu'on appelle la *Prunelle* ; cette ouverture est bordée d'une espéce de rideau noir, gris ou bluâtre, qu'on appelle l'*Iris*, qui a la propriété de conserver toujours la forme circulaire à la prunelle, soit que celle-ci s'aggrandisse, lorsque l'œil entre dans l'obscurité, soit qu'elle se rétrecisse, lorsqu'il devient exposé à une plus grande clarté. (Ces deux mouvemens se font involontairement.) La troisieme tunique CB*s*BC, s'appelle la *Choroïde* : c'est un tapis velouté & imbu d'une liqueur très-noire, qui sert par conséquent à faire de l'œil une chambre obscure. Il absorbe les rayons dont la réfraction se fait irréguliérement dans l'œil. A la Choroïde & au-dessous de la prunelle est attachée une espece de louppe ou lentille CC, qu'on appelle le *Crystallin.* Sa convexité est d'un plus petit rayon dans sa partie antérieure : il est retenu par deux muscles BC, BC, (on les appelle les *Ligamens ciliaires*,) qui en le tirant de C vers B, le rendent moins convexe, lorsqu'il est nécessaire. Il se peut faire aussi que ces muscles contribuent à faire aller le crystallin en avant ou en arriere. Sur le fond vers

HH, eſt un reſeau très-blanc & très-fin, qu'on appelle *la Rétine*, & qui s'étend ſur la choroïde. C'eſt une expanſion du *Nerf-Optique* NN, * qui ſert à tranſmettre la ſenſation juſqu'au ſiege de l'ame. Dans l'eſpace qui eſt entre la cornée & le cryſtallin, il y a une liqueur très-limpide & très-claire, dans laquelle l'Iris nage ; on la nomme *l'humeur aqueuſe*. Entre le cryſtallin & le fond de l'œil, il y a une ſubſtance très-claire, mais d'une conſiſtance gélatineuſe ; on l'appelle *l'humeur vitrée*.

204. Lorſque les rayons de la lumiere entrent dans l'œil, ils ſe réfractent en pénétrant l'humeur aqueuſe, (en ſorte que le ſinus d'incidence eſt au ſinus de réfraction comme 4 à 3) ; ils ſe réfractent encore un peu à l'entrée & à la ſortie du cryſtallin, (car dans le paſſage de l'humeur aqueuſe au cryſtallin, le rapport des ſinus eſt comme 13 à 12, & à l'entrée de l'humeur vitrée, comme 12 à 13 :) & l'effet de ces réfractions eſt de réunir tous ceux qui ſont partis d'un même point d'un objet, & d'en former par conſéquent une image, laquelle fait voir diſtinctement l'objet, lorſqu'elle ſe forme ſur la rétine, mais confuſément, lorſqu'elle ſe forme en-deçà, où lorſqu'elle tend à ſe former au-delà.

205. Mais pour concevoir ceci un peu plus clairement, il faut conſidérer que chaque point de la ſurface viſible d'un objet lançant ou renvoyant de tous côtés des rayons lumineux, devient à l'égard de la prunelle de l'œil le ſommet d'un cone dont elle eſt la baſe : par la réfraction de ces rayons qui ſe fait dans l'œil, ils forment un autre cone oppoſé au premier dont la prunelle eſt auſſi la baſe, & dont le ſommet eſt au fond de l'organe, où par leur concours ils forment une image ſenſible du point d'où ils ſont partis. Ces deux cones ont un axe commun, & qui eſt

---

* Quelques Phyſiciens prétendent que la Choroïde eſt l'organe immédiat de la vûe, fondés ſur des expériences ſelon leſquelles les parties des objets ceſſent d'être viſibles, lorſqu'on place ſon œil, de ſorte que les images de ces parties viennent à tomber ſur le centre du paquet NN de filets où la Rétine commence à s'épanouir ſur la Choroïde.

senfiblement une ligne droite, (car la réfraction qui se fait
à l'entrée & à la sortie du crystallin n'est ici presque d'aucune conséquence) : On peut donc supposer que tous les
rayons qui forment ces deux cones sont confondus avec
l'axe commun, & qu'ainsi chaque point d'une surface visible se distingue, parce que son image est portée au fond
de l'œil par un rayon qui passe par le centre de la prunelle.

    Cela posé 1°. si le point dont il s'agit est vers le centre
de la surface visible, comme en R (Fig. 26) un autre point
Q de cette même surface qui sera à droite, enverra son image
dans l'œil par un rayon Q q qui se croisera au centre de
la prunelle avec le rayon R r qui porte l'image du point
R : donc l'image q se fera dans le fond de l'œil à gauche
de l'image r du point R, & par conséquent ces deux images seront dans une situation renversée à l'égard de celle
où les points R & Q se trouvent sur la surface de l'objet.

    2°. Chaque faisceau ou cone de rayons partis de chaque
point de la surface visible de l'objet étant supposé réduit
au simple rayon qui est dans l'axe, la surface entiere de
l'objet devient à l'égard de l'œil la base d'une Pyramide
lumineuse, dont le centre de la prunelle est le sommet,
& les rayons qui composent cette pyramide se prolongeans
dans l'œil, y forment une autre pyramide opposée, qui
se trouve interceptée par le fond de l'organe, & qui a par
conséquent pour base l'image entiere de l'objet, laquelle
étant peinte avec toutes ses couleurs, occasionne l'idée de
la présence & de la figure de cet objet, comme nous avons
dit plus haut.

ARTICLE II.
De la Vision distincte.

Des différens accidens de la Vûe, avec les remedes que fournit la Dioptrique.

206. PUisque les rayons de lumiere portent avec eux l'image d'un point A d'où ils sont partis, (34) & qu'ayant traversé un verre convexe, ils vont tous s'entrecouper en un foyer ou point de réunion, il est clair que si on les intercepte par un plan en-deçà ou au-delà de ce point de réunion, on doit voir sur le plan une image de ce point A, mais qu'elle doit avoir d'autant plus d'étendue & être d'autant moins vive, qu'elle aura été prise plus loin du foyer : il paroît aussi qu'à cause de cette étendue, l'image du point B contigu au point A sera confondue en partie avec celle du point A : que si ces deux points sont de différentes couleurs, l'image composée de ces deux images sera de trois couleurs, parce que la partie commune des deux images sera d'une couleur composée des deux autres couleurs. D'où l'on voit que cette image composée ne ressemblera à l'objet AB ni par ses dimensions, ni par sa figure, ni par sa couleur, ni par son éclat : qu'elle sera par conséquent trop grande & confuse : Au lieu qu'au point de réunion des rayons, les deux images n'eussent été chacune qu'un point distinct l'un de l'autre, & teint de sa propre couleur. Telle est l'idée qu'on doit se faire de la vision distincte ou confuse. La vision distincte d'un objet, est celle où la lumiere atteint la rétine au vrai point de réunion ou au sommet des cones lumineux partis de chaque point de cet objet, (que je suppose suffisamment éclairé). La vision confuse est celle où la lumiere parvient à la rétine avant ou après cette réunion, ou point commun d'intersection.

207. D'ailleurs (174) l'image vive & diftincte d'un objet, produite par le moyen d'une furface convexe réfringente, eft fur l'axe qui paffe par l'objet & par le centre de fphéricité de la furface, il eft donc clair qu'on ne doit voir diftinctement les objets que lorfqu'on a tourné l'œil vers eux, c'eft à dire, lorfqu'on a dirigé vers l'objet l'axe ou la droite qui paffe par le centre de l'œil, & par celui de la prunelle ; on ne voit même bien diftinctement que le point de l'objet auquel cet axe aboutit.

208. Lorfqu'un objet placé à quelque diftance d'une furface réfringente-convexe d'une fphéricité conftante & pofée fixement, vient en s'approchant vers cette furface, fon image s'en éloigne (179) : & il eft évident que fi on vouloit que l'image reftât à la même place, il faudroit ou en éloigner la furface réfringente, à mefure que l'objet s'en approche, ou bien diminuer à mefure le demi-diametre de fphéricité de la furface ; car alors fa diftance à l'image, qui dans les formules de l'article II. (179) eft toujours un multiple du demi-diametre de fphéricité, deviendroit plus grande relativement à ce demi-diametre, quoiqu'elle reftât abfolument la même. C'eft auffi ce qui arrive à ceux qui ont une vûe excellente : ils ont l'œil tellement conformé, & le jeu de fes parties fi libre, que lorfque les rayons de lumiére, partis d'un même point d'un objet, entrent dans la prunelle à peu près paralleles entr'eux, ce qui fuppofe (202) l'objet à une affez grande diftance de l'œil, le foyer de ces rayons fe trouve précifément fur la rétine ; & lorfque l'objet s'approche de l'œil, de maniere que les rayons de lumiére qui partent d'un de fes points, entrent fenfiblement divergens : alors le fpectateur peut conformer fon œil à chaque nouvelle diftance de l'objet de forte que l'image fe forme toujours fur la rétine, foit que pour cela il rapproche à mefure fon cryftallin vers la prunelle, foit qu'il le rende plus convexe, ou même fa cornée, foit enfin qu'il employe deux de ces moyens ou les trois à la fois pour voir toujours diftinctement les objets, à quelque diftance de l'œil qu'ils foient placés, pourvû

qu'elle ne soit ni absolument trop grande, ni moindre que de 5 à 6 pouces.

209. Mais si par une constitution vicieuse de l'œil, soit qu'elle soit un défaut naturel, soit qu'elle soit acquise par une mauvaise habitude, ou arrivée par accident, ses muscles n'ont ni la force ni le ressort nécessaire, pour changer sa figure suffisamment ; alors on ne peut plus voir distinctement que les objets qui sont à une distance renfermée entre certaines limites, plus ou moins étendues, selon la force avec laquelle l'œil peut changer sa conformation, pour faire tomber les images sur la rétine. Par exemple, si le crystallin, ou même si le devant de la cornée sont trop convexes, le vrai lieu des images des objets fort éloignés est très-près du crystallin, & par conséquent en-deçà de la rétine ; on ne les voit donc alors que très-confusément, & il faut rapprocher beaucoup ces objets, afin que leurs images en s'éloignant à mesure, puissent se former sur la rétine même. Tel est le defaut de ceux qui ont la vûe courte, & qu'on appelle *Myopes*.

210. Au contraire, si le segment antérieur de la cornée, ou si le crystallin n'ont de convexité qu'autant qu'il en faut pour faire tomber sur la rétine les images des objets fort éloignés, celles des objets plus proches tendront à se former au-delà de la rétine, & par conséquent les rayons étant interceptés par la rétine avant leur réunion, on ne doit voir les objets que confusément. C'est-là le défaut de ceux qui ont la vûe longue, & qu'on appelle *Presbytes* : tels sont la plûpart des vieillards, à qui l'âge en desséchant les humeurs, a applati le crystallin, & affaissé la partie antérieure de la cornée.

211. Les Myopes sont donc ceux qui ne peuvent voir distinctement que les objets proches, ou qui envoyent des rayons sensiblement divergens, & les Presbytes sont ceux qui ne peuvent voir distinctement que les objets éloignés, ou qui envoyent des rayons sensiblement paralleles. Car on verra dans la suite qu'absolument parlant il faut un peu de divergence dans les rayons pour rendre la vision distincte

(voyez n°. 318). Or il est évident par la théorie des verres concaves & convexes, que les verres concaves font diverger les rayons qui y entrent paralleles, ou qui viennent d'un objet fort éloigné; puisqu'en traversant un verre également concave des deux côtés, ils se détournent & s'écartent pour se diriger à un point du côté de l'objet, & proche du quart de l'axe de sphéricité. Un œil myope qui reçoit les rayons ainsi divergens, peut donc distinguer l'objet d'où ils sont partis; d'où il suit que les Myopes peuvent corriger le défaut de leur vûe, & voir clairement les objets éloignés, à l'aide d'un verre d'une concavité proportionnée à la figure de leur œil. Par un semblable raisonnement, on voit que les Presbytes peuvent voir distinctement les objets proches, en les mettant au foyer d'une loupe convexe, parce qu'elle a la propriété de ramener au parallélisme les rayons divergens, partis de son foyer.

212. Le défaut des yeux myopes & des yeux presbytes, n'est sensible qu'à cause de la grande ouverture de la prunelle de l'œil : car si cette ouverture n'étoit qu'un point, de sorte qu'elle ne pût admettre dans l'œil qu'un seul rayon, parti de chaque point distinct d'un objet visible, ces rayons tomberoient sur autant de points distincts de la rétine, & y formeroient par conséquent une peinture distincte, mais extrêmement foible, faute de lumiere suffisante. Sans cet inconvénient, on pourroit corriger le défaut des Myopes & des Presbytes, en appliquant sur leurs yeux une surface opaque, percée d'un très-petit trou : on le corrige en effet en partie par ce moyen.

213. Il suit encore de-là qu'*en regardant un objet par un trou extrêmement petit, on le doit voir distinctement, quelque près qu'il soit de l'œil.*

214. Il arrive quelquefois que des deux yeux d'un homme, l'un est bon (c'est-à-dire, fait partie d'une vûe excellente,) & l'autre est foible (c'est-à-dire, myope ou presbyte.) En ce cas le spectateur est obligé de tourner vers les objets l'œil le plus propre à les faire voir distinctement, & d'en détourner l'autre œil, qui ne recevroit qu'une image

confufe de ces objets, ce qui troubleroit l'image diftincte. C'eft cette alternative de diriger un œil, en détournant l'autre, & réciproquement, que l'on appelle le *Strabifme*, & ceux qui ont ce défaut, s'appellent *Louches*.

ARTICLE III.

De la Vifion faite à l'aide des Verres ou Miroirs.

215. PUifque nous ne voyons un objet que par l'image qui s'en forme dans notre œil, il eft clair 1°. *que nous ne devons voir un objet que dans la direction felon laquelle les rayons entrent dans notre œil, pour y former leur image*, ainfi qu'il a été dit ci-deffus (21). Si donc ces rayons n'entrent qu'après plufieurs réfractions ou réflexions, qui ayent beaucoup changé la direction primitive des rayons qui partoient de l'objet, nous ne devons plus le voir dans la droite qui vient de lui directement à notre œil.

216. Il eft évident 2°. que la grandeur apparente d'un objet, de quelque façon qu'il foit vû, dépendant princi-palement (77) de l'angle à l'œil compris entre les deux rayons qui viennent des extrémités de cet objet, fi la réfraction ou la réflexion ont rendu cet angle plus grand ou plus petit qu'il n'auroit été, fi on avoit regardé cet objet à la vûe fimple; ou ce qui revient au même, *fi l'angle à l'œil compris entre les deux rayons qui paffent par les extrémités de la derniere image d'un objet formée par réfraction ou par ré-flexion, eft plus grand ou plus petit que l'angle à l'œil entre les extrémités de cet objet regardé à la vûe fimple, cet objet paroît groffi ou diminué à proportion. De forte que fi l'œil s'approche ou s'éloigne de cette derniere image, l'objet paroîtra augmenter ou diminuer, quand même par ce mouvement l'œil s'éloigneroit ou s'approcheroit reellement de l'objet:* parce que l'image tient lieu de l'objet, qui ne fe voit que par elle. *Si cependant un objet ou même une image d'un objet étoient tellement placés à l'égard d'un verre extrêmement mince ou d'un miroir, que leurs*

*rayons en fussent réfractés ou réfléchis, de sorte qu'ils devinssent
ensuite paralleles, l'œil qui se trouveroit sur leur route verroit cet
objet ou cette image de la même grandeur, à quelque distance
qu'il s'approchât ou qu'il s'éloignât du verre ou du miroir: & cette
grandeur seroit la même que si l'objet étoit vû par un œil placé au
lieu où est le verre ou le miroir.* Car soit RS (Fig. 27 & 28)
le demi-diametre d'un objet ou d'une image, placé à l'é-
gard de la Lentille CB, de sorte que les rayons qui partent du point R, ou qui y tendent, sortent tous paralleles
entr'eux, en supposant la lentille infiniment peu épaisse:
parmi ces rayons, il y en a un RC (c'est le rayon principal,) qui la traverse sans se réfracter (195). Soit SC
le rayon qui part du centre de l'objet ou de l'image, &
qui est dans l'axe de la lentille. Il est évident que l'angle
SCR est celui sous lequel l'image ou l'objet SR est vû par
un œil placé au lieu C, où est la lentille, & qu'en quelque
point E de l'axe que l'œil soit situé, pourvu qu'il se trouve
sur la route de quelques-uns des rayons partis du point R,
ou qui y tendent, il voit cet objet ou cette image sous l'angle
CEB = SCR. Ce seroit la même chose, si l'œil étoit placé au
foyer d'un verre ou d'un miroir, sur lequel les rayons d'un
objet ou d'une image fussent tombés paralleles: à quelque
distance que cet objet ou cette image fût placée, à l'égard
du miroir, l'œil les verroit toujours de la même grandeur.

217. A l'égard de la distance de l'œil au lieu où les objets paroissent être, elle ne se mesure pas par la distance
réelle de l'œil à la derniere image. Mais puisque (103) la
distance apparente des objets s'estime principalement par
l'idée que nous avons de leur grandeur, il suit que lorsque
nous voyons des objets dont les images sont grossies ou dimi-
nuées par la réflexion ou par la réfraction, nous devons les
juger rapprochés ou éloignés de notre œil, à proportion de
la grandeur que nous leur voyons, comparée à celle que nous
leur connoissons. Or, comme la surface visible des objets
vûs directement, est (23) la base d'une pyramide de lumiere dont le sommet est à notre œil, si la pointe de cette
pyramide devient plus obtuse par l'effet d'une ou de plu-

sieurs

fieurs réflexions ou réfractions, l'objet qui femble toujours en être la bafe, doit fembler être pour cet effet affez rapproché de l'œil ou du fommet de la nouvelle pyramide. C'eft le contraire fi la pointe de la pyramide eft devenue plus aiguë. De-là on peut tirer cette conftruction, pour avoir le lieu apparent des objets vûs à l'aide des verres ou miroirs. Soit RQ (Fig. 29) une dimenfion d'un objet quelconque, O le lieu où eft l'œil, OR l'axe de la Pyramide optique par laquelle on voit cet objet : OT la direction du rayon qui vient de l'extrémité Q de l'objet, après avoir fouffert tant de réfractions & de réflexions qu'on voudra, par des furfaces fphériques, dont les axes foient tous placés fûr OR. Menez Q*q* parallele à OR, jufqu'à la rencontre du rayon OT ; le point *q* fera le lieu apparent du point Q, ou de la derniere image de ce point Q, & O*r* fera la diftance apparente de l'œil à l'objet, *q r* étant le lieu apparent de la derniere image vûe par l'œil placé en O.

218. De-là il eft aifé d'expliquer pourquoi les loupes convexes groffiffent & rapprochent les objets, & les lentilles concaves les diminuent & les éloignent.

219. Enfin on conçoit que fi les rayons qui viennent d'un objet font réfractés ou réfléchis, de forte que l'image qu'ils forment enfuite foit fituée derriere l'œil du fpectateur, ou s'il fe trouve un corps opaque entre cette image & l'œil, cet objet devient abfolument invifible, tant que l'œil reftera à la même place. Que fi ces rayons réfléchis ou réfractés entrent dans l'œil fous une telle inclinaifon qu'ils ne puiffent former une image qu'en deçà ou qu'endelà de la retine, l'objet ne fe peut voir que confufément.

220. Pour appliquer tout ceci à un exemple général, foit GR (Fig. 30) l'axe commun de tant de lentilles A, B, C, qu'on voudra : foit QR une des dimenfions d'un objet quelconque ; E le lieu de l'œil qui reçoit le rayon QKIHE, parti du point Q, & qui tombant fur l'extrémité K d'une lentille AK, a été obligé de fe réfracter pour fe diriger vers F, mais rencontrant en I une autre lentille BI, fe réfracte de nouveau, & fe dirige en fortant vers le

point *f*, & rencontrant encore en H une autre lentille CH, se réfracte encore & se dirige vers E, où il est reçu par l'œil. Il est clair 1°. qu'à cause que ET est la derniere direction du rayon qui parvient à l'œil, en tirant *Qq* parallele à GR, & *qr* parallele à QR, la derniere image de l'objet QR, paroît être en *qr* (217). 2°. Que la distance apparente de l'œil à l'objet est E*r*. 3°. Que la grandeur apparente de l'objet est à sa grandeur réelle, comme ER à E*r*, parce que les angles *q*E*r*, QER, qu'on suppose fort petits, sont (79) dans ce rapport. 4°. Que la situation de l'objet paroît droite ou renversée, selon la position de l'image au-delà ou en-deçà du centre de sphéricité du dernier verre ou miroir, par rapport à l'objet ou à l'image qui aura précédé cette derniere image, & lui aura servi d'objet ; ce que le calcul des foyers de chaque verre fait connoître. 5°. Que si on regarde la droite qui mesure la distance du centre ou milieu de chaque lentille à son extrémité, (telle que seroit CH) comme un objet, & que si on détermine (comme au N°. 217.) la position apparente de chacune de ces droites, en la supposant vûe par le moyen des lentilles situées entre l'œil & elles, celle qui soutendra un plus petit angle à l'œil, déterminera le plus grand angle de vision, c'est-à-dire, le plus grand espace qu'on puisse voir à travers tous ces verres.

En changeant les mots de réfractions, de lentilles, &c. en ceux de réflexions, de miroirs, ou en général, d'autre milieu quelconque, on verra facilement que tout ce qu'on vient de dire, est commun à la Catoptrique comme à la Dioptrique.

CHAPITRE V.

Des Télescopes & des Microscopes.

ARTICLE I.

Notions préliminaires.

221. L'Idée générale d'un *Télescope* ou Lunette à longue vûe, & d'un *Microscope*, est 1°. de former une image vive d'un objet qu'on veut voir distinctement, en lui présentant un verre convexe des deux côtés, ou plan-convexe, ou même menisque, ou bien un miroir concave (on appelle ce verre ou ce miroir, *le verre* ou *le miroir objectif* :) 2°. de voir distinctement & même de grossir cette image par le moyen d'un ou de plusieurs autres verres, (qu'on appelle *oculaires*, parce qu'ils font placés du côté où l'on doit mettre l'œil.)

222. Il y a donc deux fortes de Télescopes & de Microscopes : les uns se font simplement par des verres, les autres par des miroirs & des verres, & ceux-ci pour cette raison s'appellent *Catadioptriques*.

223. On appelle *champ* d'un Télescope ou d'un Microscope tout l'espace que peut voir un œil placé au point où il doit être, pour jouir de tout l'effet du Télescope ou du Microscope.

224. Quand dans la suite on parlera en général du *foyer* d'un verre ou d'un miroir, on entendra le lieu du concours des rayons réfractés ou réfléchis, en supposant l'objet à une distance infinie, ou que les rayons incidens, partis d'un même point de l'objet, font paralleles entr'eux. Il en sera de même quand on dira qu'un verre ou qu'un miroir a tant de pieds ou de pouces de foyer.

225. Une lentille ou un miroir sphérique quelconque étant donnés, on peut déterminer, par voie d'expérience, la longueur de leur foyer, en cette sorte.

I. Si c'est un miroir concave ou une Lentille convexe, présentez-les au Soleil, & cherchez le point où les rayons réfléchis ou réfractés, reçus sur un plan, formeront le cercle le plus petit d'un blanc le plus vif, & où les matiéres combustibles sont plus promptement enflammées ; ce point sera le foyer. Ou bien, couvrez la surface du miroir, ou une des surfaces du verre avec du papier noirci, & percé de plusieurs petits trous d'épingle, & cherchez à quelle distance tous les rayons du Soleil qui passent par ces trous se réunissent en une seule tache blanche : ou enfin présentez le verre ou le miroir à un flambeau assez éloigné pour être au delà des centres de sphéricité, cherchez à quelle distance du flambeau & du miroir, ou du verre, il faut poser un plan, pour qu'il s'y forme une image renversée du flambeau, la plus distincte & la plus petite qu'il est possible ; alors vous aurez les données nécessaires pour calculer par les formules des miroirs & des lentilles, le rayon de sphéricité qu'ils doivent avoir, & par conséquent la longueur du foyer qui en est la moitié dans le miroir, qui lui est égale dans les lentilles également convexes des deux côtés, & qui en est le double dans les verres plan-convexes.

226. II. Si c'est un miroir convexe ou une lentille concave, on couvrira la surface du miroir, ou une des surfaces de la lentille avec du papier noirci & percé de plusieurs petits trous disposés en circonférence de cercle. Les rayons du Soleil qui passeront par ces trous, & qui seront reçus sur un plan, y feront des taches rondes & blanches, qui iront en s'écartant les unes des autres en circonférence de cercle, à mesure qu'on éloignera le plan ; & lorsque le diametre de cette circonférence sera double de celui du cercle des petits trous, la distance du plan au milieu du miroir ou du verre, sera égale à la longueur du foyer qu'on cherche.

227. Pour faire cette expérience, lorsque le miroir est

convexe, il faut que le plan fur lequel on veut recevoir les taches, foit percé d'un trou un peu plus grand que le cercle des petits trous d'épingle, afin que la lumiére du Soleil puiffe parvenir au miroir.

ARTICLE II.

Des Télefcopes par Réfraction.

228. ON conftruit ordinairement trois fortes de Téleſcopes par réfraction ou fans miroir, qui différent entr'elles dans la figure, la pofition, & le nombre des oculaires.

229. La premiere efpéce de Télefcope, qu'on appelle *Lunette de Hollande*, ou *Lunette de Galilée*, (c'eft celle qui a été inventée la premiere, vers l'an 1609, & qui a été feule en ufage pendant près de quarante ans,) a pour oculaire un verre concave ou plan-concave PQ, (Fig. 31) placé entre l'objectif MN & fon foyer *o*, en forte que les axes des deux verres concourrent en une même droite A*o*, & leurs foyers en un même point *o*.

230. Par cette conftruction il eft évident 1°. que parce que la furface de l'objectif peut être beaucoup plus grande que l'ouverture de la prunelle, il peut tomber fur l'objectif une quantité de rayons partis d'un même point d'un objet, beaucoup plus grande que celle qui pourroit entrer dans l'œil. 2°. Que l'objet étant comme infiniment éloigné, les rayons incidens & paralleles (repréfentés ici par AD, & par fes deux paralleles,) qui par la réfraction faite en traverfant l'objectif MN, convergeroient au point *o*, redeviennent paralleles (197) après avoir traverfé l'oculaire ; mais que comme l'oculaire a été placé vers la pointe *o* du cone des rayons réunis par l'objectif, & que les rayons font fort denfes vers cette pointe, ces mêmes rayons font fort denfes en fortant de l'oculaire. 3°. Que par conféquent, ſi

au fortir de l'oculaire, ils font reçus par un œil d'une vûe excellente, ou par un œil prefbyte, ils doivent (211) y former une image du point de l'objet d'où ils font partis, laquelle eft d'autant plus vive, que le faifceau de rayons fortans de l'oculaire eft plus denfe qu'il n'étoit en rencontrant l'objectif, & que l'ouverture de l'objectif eft plus grande que celle de la prunelle.

231. A l'égard des points B de l'objet OB , qui font fitués hors de l'axe Ao du Télefcope, il eft clair qu'ils envoyent des rayons paralleles, (repréfentés ici par CD, & par fes deux paralleles) que l'objectif tend à réunir au point *b*, proche du point *o* (187) & qui rencontrant l'oculaire PQ, en fortent fenfiblement paralleles & très-denfes ; de forte qu'un œil prefbyte ou un œil d'une vûe excellente, en doit recevoir une image très-vive du point B : mais parce qu'au fortir de l'oculaire, le faifceau qui forme cette image, diverge du faifceau qui forme celle du point *o* , un même œil ne peut recevoir en même tems ces deux images, à moins que fa prunelle ne foit affez ouverte & affez proche du concours F des directions de ces deux faifceaux ; d'où il fuit *qu'en regardant un objet par le moyen de ce Télefcope , on voit un nombre de fes parties, d'autant plus grand, que l'œil eft plus proche de l'oculaire , & que l'ouverture de la prunelle eft plus grande.* Et parce que l'ouverture de la prunelle eft naturellement fort petite, & qu'elle fe rétrecit involontairement à proportion de la lumiere qui y entre, il eft clair que *le champ de ces fortes de Télefcopes eft d'autant plus petit que l'objet eft plus lumineux , & que l'oculaire eft d'un plus grand foyer.* Enfin parce que la nature de la lumiere ne permet pas de mettre des oculaires d'un auffi petit foyer qu'on veut, qu'au contraire les foyers des oculaires doivent être plus longs , à proportion de la longueur des foyers des objectifs, comme on le verra dans la fuite, (270) il fuit que *le champ de ces fortes de Télefcopes eft d'autant plus petit, que le Télefcope eft plus long.* C'eft cet inconvénient qui en a aboli l'ufage pour les objets fort éloignés, & qui par conféquent demandent de longues lunettes : on n'en fait plus gueres

de cette espéce, que ceux qui doivent être fort courts,
pour ne pas trop grossir les objets, tels que sont ceux qu'on
nomme vulgairement *Lorgnettes d'Opéra*.

232. On voit encore par la construction de ce Télescope,
que les objets y doivent paroître droits : car le faisceau *c*
de rayons qui fait voir l'extrémité B de l'objet qui est au-
dessous de l'axe AK ; est aussi reçu par l'œil dans une direction *c*F, qui vient de dessous l'axe.

233. *Si* on suppose que *l'objet s'approche de plus en plus
vers l'objectif*, il est clair (196) que son image s'en éloignera
à proportion, & par conséquent *il faut éloigner aussi l'oculaire, en allongeant la Lunette*, afin que son foyer concourre
toujours avec l'image formée par l'objectif.

234. Si l'œil appliqué sur l'oculaire est myope, il faut
rapprocher l'oculaire vers l'objectif, afin qu'il voye distinctement. Car alors les faisceaux de rayons qui sortoient de
l'oculaire paralleles entr'eux, en sortent divergens ; puisque
(197) à mesure que l'objet *b o* s'éloigne du foyer du verre
concave, les rayons réfractés convergent vers la partie opposée, & par conséquent ils divergent du côté où est l'objet
b o, c'est-à-dire, du côté où l'œil est placé.

235. II. La seconde espece de Télescope, & presque
la seule dont on fasse usage dans les observations des astres,
& qu'on appelle pour cette raison *Lunette astronomique*, n'a
aussi qu'un oculaire, c'est une lentille PQ (Fig. 32.) convexe d'un ou des deux côtés : elle est placée de sorte que
son foyer *o* concourre avec celui de l'objectif MN ; mais ce
foyer commun est entre les deux verres.

236. Selon cette construction , il est clair 1°. que les
rayons partis d'un point O d'un objet OB infiniment
éloigné, (ils sont représentés ici par AD, & par ses deux
paralleles ; on suppose encore que le point O est dans la
droite qui passe par le centre des deux verres , laquelle
s'appelle l'*axe* de la Lunette) ayant traversé l'objectif, vont
en se croisant à son foyer , y former une image *o* du point O.

237. 2°. Que cette image peut être regardée comme un
objet placé au foyer de l'oculaire PQ, & que par conséquent

les rayons qui l'ont formée venant à tomber sur l'oculaire, doivent (196) en sortir paralleles entr'eux , mais d'autant plus denses , que le foyer de l'oculaire est plus court que celui de l'objectif : ils doivent donc former dans un œil presbyte (211) ou dans un œil d'une vûe excellente, une nouvelle image du point O, d'autant plus vive, que la surface de l'objectif sera plus grande, ou qu'elle aura admis plus de lumiere.

238. 3°. Qu'à quelque distance de l'oculaire que l'œil soit placé, pourvû qu'il soit dans la route du faisceau de rayons paralleles qui en sort, il doit voir également bien l'image que ce faisceau a formée au foyer commun de l'objectif & de l'oculaire.

239. 4°. Que les rayons paralleles partis de l'extrémité B de l'objet OB , doivent former en *b* près du foyer *o*, une image de cette extrémité (188), & que tombant ensuite sur l'oculaire , ils doivent en sortir paralleles entr'eux, mais d'autant plus inclinés à l'axe AF , que la courbure de l'oculaire est plus grande, en sorte que l'axe du faisceau qu'ils forment , doit aller couper l'axe commun des deux verres au foyer F de l'oculaire. Et par conséquent pour qu'un œil puisse voir toute l'image *o b* à la fois , il faut qu'il soit placé au point F où est l'intersection commune de tous les faisceaux de rayons venus de chaque point de l'image *o b*, ou de l'objet OB.

240. 5°. Que l'objet OB doit paroître renversé, puisque son image *o b*, qu'on voit par le moyen de l'oculaire, a une situation opposée à celle de l'objet ; & qu'on voit l'extrémité *b* par des rayons qui s'écartent de l'axe, en tendant au-dessus, tandis que le point B est au-dessous.

241. 6°. Que la grandeur du champ de ce Télescope dépend principalement de la grandeur de tout l'espace vers *o b* , qui peut être censé au foyer commun des deux verres : puisque l'œil placé au point F, peut voir (239) tous les points dont l'image est au foyer ou fort près du foyer de l'oculaire. Et c'est cet avantage qui a fait préférer ce Télescope à celui de la premiere espece.

242. 7°. Que si l'objet s'approche de plus en plus vers l'objectif, son image s'en éloigne à mesure (196), & que par conséquent il faut en éloigner aussi l'oculaire, en allongeant le Télescope, afin que l'image reste toujours au foyer de l'oculaire. On peut donc, à l'aide de ce Télescope, voir également bien les objets proches ou éloignés, en mettant les deux verres à une distance convenable.

243. 8°. Que si celui qui se sert de ce Télescope est myope, il doit rapprocher l'oculaire vers l'objectif ; ou, ce qui est le même, vers l'image *ob*, afin que cette image étant alors placée entre l'oculaire & son foyer, les rayons qu'elle laisse tomber sur ce verre, en sortent divergens (196).

244. III. La troisieme sorte de Télescope, qui est la plus en usage pour voir les objets terrestres, n'est autre chose que le Télescope précédent, auquel on a ajouté seulement deux autres oculaires pour redresser l'image renversée. La Fig. 33. en fait comprendre aisément la construction. Les quatre verres MN, PQ, RS, TV, ont un axe commun A*f*. Le foyer de chacun concourt de part & d'autre avec le foyer de chaque verre, entre lesquels il se trouve. Les foyers de ces trois oculaires sont d'une égale longueur ordinairement. Soit OB, un objet infiniment éloigné : les rayons paralleles partis du point O, qui est dans l'axe de la Lunette, vont, en se croisant par la réfraction faite dans l'objectif, former au foyer *o* une image du point O ; de-là tombant sur l'oculaire PQ, ils en sortent paralleles ; rencontrant ensuite l'oculaire RS, ils en sortent convergens au foyer ω, où se croisant, ils forment une seconde image du point O ; puis tombant sur l'oculaire TV, ils en sortent encore paralleles, & capables par conséquent de former dans un œil presbyte, ou dans un œil d'une vûe excellente, une image vive de l'objet. De même, les rayons paralleles, partis de l'extrémité B de l'objet OB, après avoir traversé l'objectif, vont (187) former, en se croisant en *b*, une premiere image de ce point B ; de-là tombant sur l'oculaire PQ, ils en sortent paralleles entr'eux, mais d'autant plus inclinés à l'axe A*f*, que le foyer de cet

oculaire est plus court : après avoir coupé cet axe en F, ils tombent sur le second oculaire RS, d'où ils sortent convergens, pour former en β une seconde image ; puis se prolongeans, ils rencontrent l'oculaire TV, d'où ils sortent encore paralleles & inclinés à l'axe, qu'ils vont couper au point f, où il faut placer l'œil pour voir l'image ω, comme ci-dessus (239), laquelle est droite, ou située de la même maniere que l'objet OB.

245. Ce Télescope qu'on appelle communément *Lunette à quatre verres*, a, comme on voit, les mêmes propriétés générales que la *Lunette astronomique*. Les avantages de cette derniere, & qui ont déterminé les Astronomes à s'en servir préférablement à l'autre, sont 1°. que la Lunette astronomique est capable d'un plus grand champ, 2°. qu'elle peut supporter un oculaire d'un foyer plus court, & par conséquent qu'elle grossit davantage. On verra dans la suite les raisons de ces deux propositions, 3°. qu'elle est plus courte ; 4°. qu'il y a moins de perte de lumiére, n'y ayant que deux verres à traverser.

ARTICLE III.
Des Télescopes Catadioptriques.

246. L'Idée générale de la construction d'un Télescope Catadioptrique, est de détourner le faisceau de rayons partis de l'objet, & qui s'étant réfléchis sur la concavité d'un miroir sphérique, convergent pour former une image F (Fig. 35.) de cet objet sur l'axe ou près de l'axe du miroir. La situation de cette image qui est en-deça du miroir & du même côté que l'objet, l'empêche d'être vûe directement par le moyen d'un ou de trois oculaires ; car il faudroit que le spectateur plaçât sa tête entre l'objet & l'image, ce qui empêcheroit la lumiére de l'objet de parvenir au miroir en assez grande quantité, & assez près de l'axe.

247. Pour éviter cet inconvénient, on place un petit

miroir plan IH, incliné à l'axe du miroir sphérique de 45 degrés ; ce miroir plan renvoye en *o* la pointe du cone des rayons réfléchis où est l'image , & on ajuste un ou trois oculaires dans la ligne *o*K, selon que l'on veut voir cette image renversée ou droite ; pour cet effet, on perce le côté MN du tuyau du Télescope.

248. Le principal avantage de ce Télescope, qu'on appelle Newtonien, c'est de faire le même effet que les Télescopes à réfraction, quoiqu'il soit beaucoup plus court que ceux-ci ; ce qui vient de ce que l'image formée par l'objectif, n'en est éloignée dans le miroir sphérique, que du quart de l'axe de sphéricité, (l'objet étant supposé à une distance infinie,) au lieu qu'elle est éloignée du verre également convexe du demi-axe de sphéricité ; de ce que cette image ne se trouve pas placée entre l'objectif & les oculaires, comme dans les Télescopes à réfraction de la seconde & de la troisieme espece ; mais surtout de ce qu'un même miroir objectif peut supporter des oculaires de foyers fort différens entr'eux, & même d'un foyer extrémement petit ; ce qui fait qu'un même Télescope Catadioptrique équivaut à plusieurs Lunettes à réfraction de différentes longueurs , parce que ces dernieres ne peuvent gueres être bonnes, qu'en leur donnant des oculaires dont les foyers ayent certains rapports avec ceux des objectifs ; & les limites de ces rapports sont assez étroites , comme on verra dans la suite.

249. Dans l'usage de ce Télescope, on voit que le miroir plan IH doit être mobile , pour faire tomber les images des objets au foyer de l'oculaire, puisque (145) cette image s'éloigne du miroir objectif à mesure que l'objet s'en approche. Il faut aussi que l'oculaire puisse couler le long du tuyau MN du Télescope, en même tems que le miroir plan IH se meut en-dedans de ce tuyau, afin que cet oculaire ait son foyer placé au sommet du cone des rayons détournés par le Miroir plan IH.

250. On voit encore que les myopes doivent rapprocher un peu le miroir plan IH, afin qu'en plaçant l'image entre .

l'oculaire & son foyer, les rayons sortent de l'oculaire en divergeant autant qu'il est nécessaire pour la leur faire voir distinctement.

251. On construit encore une autre espece de Télescope Catadioptrique, moins simple, & propre à voir les objets terrestres ainsi que les objets célestes, on l'appelle Gregorien : en voici une courte description.

On présente à un objet un miroir sphérique-concave AB (Fig. 36) & un peu au-delà de l'image F, qui s'en forme sur l'axe OF de ce miroir, on pose un autre miroir sphérique-concave CD, d'un foyer plus court, & d'une ouverture beaucoup plus petite, mais dont l'axe est dans la même droite que celui du premier miroir AB : l'image F est à l'égard du miroir CD, comme un objet placé entre son foyer G, & son centre E; c'est pourquoi (143) il s'en forme sur le même axe une seconde image H, laquelle est d'autant plus éloignée au-delà du centre E, que la premiere image F est plus près du foyer G du petit miroir; & parce qu'en approchant ce petit miroir de l'image F, ou en l'en écartant, on porte la seconde image H à la distance qu'on veut, on a coûtume de la placer un peu en deçà du miroir AB, qu'on perce vers son milieu I, afin que l'image H puisse être vûe à l'aide d'un oculaire PQ; & il est évident que cette image doit paroître droite. Car (147) elle est renversée à l'égard de l'image F, laquelle est renversée à l'égard de l'objet.

252. Lorsque l'objet est fort lumineux, on peut, pour aggrandir la seconde image, la faire tomber vers O au-delà du miroir AB, & placer en O le foyer d'un oculaire PQ, afin que les rayons qui tendent à former l'image vers O, tombant sur cet oculaire, en sortent paralleles, & soient reçus ensuite sur un autre oculaire placé au-delà du point Q, qui les fasse converger en un point où il faut mettre l'œil.

253. On voit que dans ces deux sortes de Télescopes le petit miroir placé dans l'axe du grand, arrête nécessairement tous les rayons paralleles à l'axe, qui tomberoient

sur le milieu du miroir objectif ; c'est pourquoi il est indifférent qu'en cet endroit le miroir soit percé, ou non.

254. Les désavantages de ces Télescopes sont, qu'ils ont peu de champ; qu'ils sont difficiles à diriger vers les objets; qu'ils demandent des précautions extraordinaires, tant dans leur construction que dans leur usage; qu'ils sont d'une très-grande dépense, & très-faciles à gâter.

ARTICLE IV.
Des Microscopes.

255. LA premiere espece de Microscopes qui soit en
1. usage, est une simple Lentille MN (Fig. 34) convexe d'un ou des deux côtés, & qu'on appelle en général *une Loupe*. En la présentant à un objet OB, de sorte que le foyer qui est sur son axe, tombe sur le point O que l'on veut considérer, les rayons qui partent de ce point pour traverser la Loupe, en sortent paralleles (196) & par conséquent propres à former une image de ce même point dans un œil presbyte, ou dans celui d'une vûe excellente, placé à une distance quelconque sur leur direction. (Un œil myope verroit également le point O, en le plaçant un peu en-deçà du foyer de sa Loupe.) Le point B de l'objet OB, assez voisin de l'axe de la Loupe pour être censé à son foyer, envoye aussi des rayons qui sortent de la Loupe sensiblement paralleles entr'eux, mais d'autant plus inclinés à l'axe, que la convexité de la Loupe est d'une plus petite sphere, ou que son foyer est plus court. C'est pourquoi en plaçant l'œil vers le point *o* de cet axe, par où passe le rayon principal BC, (& par conséquent l'œil doit être fort près de la Loupe,) on verra distinctement l'objet OB, sous l'angle B*o*O, lequel fera paroître cet objet d'autant plus gros, qu'il est situé plus en-deçà de la portée ordinaire de la vûe.

256. Par exemple, de ce qu'un homme d'une vûe ordinaire ne peut distinguer parfaitement les objets, à moins

qu'ils ne soient éloignés de son œil d'environ 7 à 8 pouces, si *o ω* représente cette distance, on ne pourra s'imaginer que le diametre OB de l'objet qu'on voit distinctement à l'aide de la Loupe, soit aussi proche de l'œil qu'il l'est réellement, mais on le croira situé vers *ω*, de sorte qu'il paroîtra aggrandi (79) dans le rapport de *ω* à OB, ou de *o ω* à *o* O. D'où on voit *que la grosseur apparente des objets vûs à l'aide d'une Loupe, dépend en partie de la conformation de l'œil.*

257. II. A la place d'une Loupe, on se sert très-avantageusement d'une petite sphére de verre, qu'on forme très-facilement en faisant fondre un petit morceau de glace à la flamme d'une méche imbibée d'esprit de vin pour éviter la fumée qui se mêlant avec le verre en fusion, rend les globules opaques. Car en reprenant la formule

$$x = \frac{6drR + 4erR - 2dcR}{3dR - 6rR - dc + 3dr + \frac{1}{2}2er}$$

(183), pour avoir l'expression du foyer d'une sphere de verre, on a $c = 2r$, $r = R$, & $d = \infty$: donc en substituant $x = \frac{1}{2}r$: c'est-à-dire, que si on place un objet sur l'axe d'une sphere, à la distance d'un quart de son diametre, les rayons de lumiere qui entreront dans la sphere près de cet axe, en sortiront paralleles entr'eux ; on pourra donc voir distinctement cet objet, qui paroîtra d'autant plus grossi, qu'il sera placé plus près de l'œil, & par conséquent que la sphere sera d'un plus petit diametre.

258. On peut encore faire une espece de Microscope simple avec une boule de verre pleine d'eau. Elle fera à-peu près le même effet qu'une petite sphere d'eau, à cause que l'épaisseur du verre de la boule étant très-petite, & formée d'ailleurs de deux surfaces concentriques, la réfraction se fera à-peu-près comme si la boule étoit toute d'eau. Mais parce que la réfraction est moindre dans l'eau que dans le verre, puisque (130) le sinus d'incidence dans l'eau est au sinus de l'angle brisé comme 4 à 3, le foyer de la boule, où l'objet doit être posé, afin que les rayons qu'il envoye sur la boule en sortent paralleles, est à la distance d'un demi-diametre de sphéricité de la boule ; ce qu'on

trouve facilement par la formule générale des foyers (182),
en faisant $p = 4, q = 3, r = R, e = 2r, \& d = \infty$. D'où
l'on voit qu'à diametre égal, ces boules ne grossissent pas
tant les objets, que celles qui sont purement de verre.

259. On peut aussi faire une loupe purement d'eau , en
faisant un petit trou dans une plaque mince de métal , &
en le remplissant d'une goutte d'eau posée avec la tête d'une
épingle , afin que la plaque ne soit pas mouillée vers les
bords du trou , & que la goutte garde sa rondeur de part &
d'autre. Cette Loupe d'eau fera encore un meilleur effet ,
si dans chacune des deux faces opposées d'une plaque épaisse
d'environ $\frac{1}{4}$ de ligne , on fait une très-petite cavité sphérique sur un axe commun , & d'un rayon inégal , en sorte
qu'il ne reste entr'elles qu'une très-petite épaisseur qu'on
percera d'un trou d'éguille ; & on remplira le tout avec une
goutte d'eau.

260. III. La seconde espece de Microscopes a beaucoup
de rapport au Téléscope astronomique. Elle est composée
de deux lentilles convexes, dont l'objectif MN (Fig. 37)
est d'un foyer fort court : on place un objet OB un peu
au-delà, afin que (196) son image *ob* soit éloignée & grossie à proportion ; on place ensuite le foyer d'un oculaire
au lieu où est cette image, afin de la voir distinctement.

261. On voit par cette construction, 1°. que *la distance
de l'image à la Lentille objective doit beaucoup varier , pour peu
que celle de l'objet OB varie* (196 ;) & comme il est difficile de s'assurer de placer un objet assez positivement en
une place fixe, ou à une distance donnée ; dans l'usage de
ce Microscope, il faut toujours avancer ou reculer l'oculaire, jusqu'à ce qu'on voye distinctement l'image de l'objet :
ou bien il faut pouvoir procurer à l'objet ou à tout le Microscope, un mouvement aussi doux qu'on veut ; ce qui
s'exécute avec plus ou moins de facilité, selon la construction de la monture de ce Microscope. 2°. Que *l'objet
paroit d'autant plus gros , que son image* ob *est plus éloignée de
l'objectif* MN , *& qu'étant vûe à l'aide de l'oculaire , elle est
plus en-deçà de la portée ordinaire* (256) *pour être vûe distin-*

élémens à la vûe simple. 3°. *Que la grosseur apparente de l'objet doit varier à proportion que l'on l'éloigne de l'objectif,* puisqu'à proportion l'image *ob* s'en rapproche aussi, & diminue en même tems.

262. IV. On place quelquefois un oculaire à-peu-près au milieu entre l'objectif MN & l'image *ob*, afin que cette image se fasse beaucoup plus proche de l'objectif, & que par conséquent le tuyau du Microscope devienne plus court : on aggrandit même par ce moyen le champ du Microscope, comme on le peut voir en construisant une figure, & en raisonnant comme au n°. 220.

263. V. Enfin on peut construire des Microscopes Cata-dioptriques, en plaçant un objet entre le centre d'un miroir concave & son foyer, afin que l'image qui se porte (143) au-delà du centre, puisse être vûe distinctement par le moyen d'un oculaire. Smith décrit aussi un Microscope formé de deux miroirs sphériques, l'un concave & l'autre convexe, percés tous deux d'un trou rond, fait dans leur milieu, pour laisser un passage libre aux rayons de lumiere ; on place l'objet entre le centre & le foyer du miroir concave, & les rayons qui sont réfléchis sur ce miroir, sont reçus sur le miroir convexe, qui les renvoye former l'image vers le trou du miroir concave, où on la voit par le moyen d'un oculaire.

ARTICLE V.

Remarques générales sur les Télescopes & Microscopes.

264. I. **L**A tangente de l'angle sous lequel le demi-diametre d'un objet est vû par un des deux premiers Télescopes, & même par le troisieme, en supposant les trois oculaires d'un foyer égal, *est à la tangente de l'angle sous lequel on le voit à la vûe simple, comme la longueur du foyer de l'objectif, est à la longueur du foyer de l'oculaire*, en négligeant l'épaisseur de ces verres.

Car

, Car on voit l'extrémité B de l'objet (Fig. 31 & 32) par le faisceau Fc de rayons parallelles, & son extrémité O par le faisceau oK : donc l'angle cFK des axes de ces faisceaux est celui sous lequel on voit l'objet par le moyen du Télescope : & à cause que l'image ob est au foyer de l'oculaire PQ, les rayons qui partent du point b (considéré comme un objet isolé) pour tomber sur l'oculaire, doivent (196) sortir parallelles au rayon principal bK ; donc l'angle cFK = bKo. Mais l'angle ODB ou son égal bDo (puisque (195) le rayon BD traverse le verre MN sans se briser) est celui sous lequel un œil placé en D verroit l'objet OB sans le Télescope : donc l'angle sous lequel on voit l'objet par le Télescope, est à l'angle sous lequel on le voit sans Télescope, comme l'angle bKo est à l'angle bDo. Or dans les triangles rectangles bKo, bDo, en prenant bo pour rayon, oK est la cotangente de bKo, & oD la cotangente de bDo. Donc ces cotangentes sont comme oK à oD ; donc (Elem. 737) les tangentes des angles bKo, bDo, sont entr'elles comme oD à oK.

265. COROLL. I. Puisque (77) les grandeurs apparentes des objets dépendent principalement des angles optiques, sous lesquels on voit leurs demi-diametres, il suit que *la grandeur du diametre d'un objet vû au Télescope, est à sa grandeur à la vûe simple, comme la longueur du foyer de l'objectif est à la longueur du foyer de l'oculaire :* ou ce qui est le même, *la grandeur apparente des diametres des objets vûs aux Télescopes, est en raison composée de la directe des longueurs des foyers des objectifs, & de l'inverse des longueurs des foyers des oculaires.*

266. COROLL. II. De même, puisque (79) les distances apparentes des objets sont en raison inverse des angles optiques sous lesquels on voit leurs demi-diametres, il suit que *la distance apparente d'un objet vû avec une Lunette, est à la distance apparente à la vûe simple, comme la longueur du foyer de l'oculaire, est à la longueur du foyer de l'objectif.*

267. Ce qu'on vient de faire voir à l'égard des Télescopes par réfraction, est vrai à l'égard des Télescopes Catadioptriques, & à l'égard des Microscopes de la seconde.

G

espace, ainsi qu'on peut s'en convaincre en relisant le tout sur la Figure 35, en mettant les lettres virgulées *o'*, *b'*, *c'*, *K'*, *F'*, à la place des lettres *o*, *b*, *c*, *K*, *F*, & en supposant le rayon incident OD, assez près de l'axe, pour qu'on puisse prendre le Triangle *o'b'*D pour rectangle ; & dans la Figure 37 en lisant *la distance de l'image à l'objectif*, à la place de *la longueur du foyer de l'objectif*.

268. COROLL. III. *Pour voir les objets à l'aide d'une Lunette, en sorte qu'ils paraissent les plus gros qu'il est possible, il faudroit que le foyer des objectifs des Lunettes fût fort long, & celui des oculaires fort court* ; & c'est pour cela qu'on employe des Lunettes plus longues, à proportion que les objets sont petits & fort éloignés : mais la figure sphérique qu'on donne aux verres, & la nature de la lumiere ne permettent pas de profiter de cet avantage autant qu'on pourroit d'abord se l'imaginer ; on en verra la raison dans la suite.

269. II. Les Télescopes & les Microscopes qui ont une image de l'objet au foyer de l'oculaire, & du côté opposé à l'œil, ont cet avantage, que l'on peut mesurer toutes les dimensions de cette image, en faisant mouvoir dans tout l'espace qu'elle occupe, des fils extrêmement déliés ; tels sont ceux qu'on leve de dessus une coque de ver à soye : (on appelle *Micromètre*, une machine destinée à procurer aux fils ce mouvement, & à en mesurer la quantité). Car ces fils se voyent très-distinctement, & l'oculaire est à leur égard un Microscope de la premiere espece ; on aura ces dimensions avec d'autant plus de précision, que l'image sera plus grossie par l'oculaire, & que les fils seront plus exactement dans le même plan que l'image : & c'est ce dont on s'assûre, lorsque l'objet, la Lunette & les fils restant fixes, on meut l'œil en tout sens, sans que le même point de l'objet cesse de paroître sur un même endroit du fil.

270. Si par le mouvement de l'œil on s'apperçoit que l'objet ne reste pas fixe à l'égard des fils, alors on dit qu'il y a *parallaxe*, mot qui exprime que l'on voit l'objet différemment placé sur les fils selon les différentes positions de

l'œil. On corrige ce défaut en poussant le chassis qui porte les fils du Micrometre vers l'objectif ou vers l'oculaire, selon qu'en élevant l'œil, l'objet paroît s'élever ou s'abbaisser à l'égard des fils.

271. *L'usage du Micrometre n'est sûr*, ou ce qui revient au même, l'effet de la parallaxe des fils n'est insensible, *qu'à proportion qu'on donne moins d'étendue au mouvement de ces fils, que l'ouverture de l'objectif est plus petite ; & le foyer de l'oculaire plus long.* Car la sûreté du Micrometre dépend de la position de ses fils dans le plan précis où les foyers de l'objectif & de l'oculaire coincident exactement : Or le foyer de l'objectif & celui de l'oculaire sont (189) des surfaces sphériques qui se touchent en-dehors, & qui ne peuvent par conséquent être censées coincider dans un espace sensiblement plan, qu'à proportion que cet espace a moins d'étendue, & que les deux spheres sont d'un plus grand rayon. On verra dans la suite (279 & 298) que les images des objets ne forment sensiblement la surface d'une même sphere, qu'à proportion qu'on diminue l'ouverture des objectifs.

272. III. Si en gardant la même ouverture à l'objectif d'un même Telescope, on veut employer successivement différens oculaires pour voir un même objet, on le voit d'autant plus obscur, que le foyer de l'oculaire est plus court. Car les faisceaux de rayons paralleles, qui s'entrecoupent tous au lieu où l'œil doit être placé, forment une espece de cône, dont l'oculaire est la base, & le sommet dans l'œil : Ce sommet est d'autant plus obtus, que le foyer de l'oculaire est plus court ; d'où il suit que les rayons de lumiere entrent dans l'œil plus écartés ou moins denses, & que par conséquent l'image qu'ils y forment, est d'autant moins vive, quoique plus grosse. *L'obscurité des images est en raison inverse des quarrés des longueurs des foyers des oculaires.* Car la quantité de lumiere étant la même, (à cause de l'ouverture de l'objectif qui est la même), l'obscurité est d'autant plus grande, que la densité de la lumiere est plus petite : la densité est d'autant plus petite, que l'espace que la lumiere occupe est plus grand ; c'est-à-dire, que les aires des images

font plus grandes, & par conséquent (Elem. 608) que les quarrés des diametres apparens des objets font plus grands. Ainfi l'obfcurité dans les Télefcopes eft en raifon directe des quarrés des diametres apparens des images. Mais (265) les diametres apparens font en raifon compofée de la directe des longueurs des foyers des objectifs, & de l'inverfe de celle des foyers des oculaires ; & par conféquent la longueur du foyer de l'oojectif reftant la même, les diametres apparens des images font en raifon inverfe des longueurs des foyers des oculaires : donc l'objectif étant le même, l'obfcurité des images eft en raifon inverfe des quarrés des longueurs des foyers des oculaires.

273. IV. Deux Télefcopes ou deux Microfcopes font cenfés également bons dans leur efpece, lorfqu'ils font voir les objets avec la même clarté, ou avec une même vivacité de lumiere ; or en fuppofant les objectifs & les oculaires d'une matiere également bonne, d'une figure & d'un poli également parfaits, *la clarté des objets eft en raifon compofée de la raifon directe des quarrés des diametres de l'ouverture de l'objectif, & de l'inverfe du quarré du nombre de fois dont chaque Télefcope ou Microfcope augmente le diametre des objets.* Si donc c exprime la clarté, d le diametre de l'ouverture, a la diftance de l'objectif à l'image, b la longueur du foyer de l'oculaire, & par conféquent (265) $\frac{a}{b}$ le nombre de fois dont le diametre des objets eft augmenté, je dis que

$$c = \frac{bbdd}{aa}.$$

Car les aires des images formées fur la rétine font comme les aires des images formées par l'objectif ; & ces aires font (Elem. 608) comme les quarrés de leurs diametres, & par conféquent (265) comme $\frac{aa}{bb}$. Si donc ces aires des images de la rétine font les mêmes, leurs clartés feront comme la quantité de lumiere qui paffera par les ouvertures des objectifs : cette quantité eft comme l'aire des ouvertures, & par conféquent comme les quarrés des diametres des ou-

vertures (Elem. 608). Ainsi les quarrés des augmentations du diametre de l'objet étant les mêmes, les clartés des
images sont comme les quarrés des diametres des ouvertures des objectifs, ou $c = dd$. Mais si les ouvertures des
objectifs étoient égales, les quantités de lumiere seroient
égales, & la clarté des peintures seroit (272) en raison
inverse des quarrés des diametres des images, ou $c = \dfrac{bb}{aa}$.
Donc les ouvertures des objectifs étant différentes, & les
augmentations des diametres des objets n'étant pas les
mêmes, l'expression de la clarté des images sera $c = \dfrac{bb\,dd}{aa}$.

274. V. Les grands Télescopes, tels que ceux qui gros-
siroient les diametres des objets 80, 100 fois ou plus, ne
peuvent servir à voir distinctement les objets terrestres,
mais seulement les astres. Car la lumiere des objets terrestres, déja beaucoup plus foible que celle des astres, se
trouve alors trop dispersée dans les larges images que forment les objectifs de ces Télescopes. D'ailleurs cette lumiere
vient en rasant la surface de la terre ; elle est à chaque pas
arrêtée en partie ou détournée par les molécules grossieres
qui s'élevent dans l'atmosphere, & qui sont dans une agi-
tation continuelle ; d'où il résulte un tremblement dans
les parties de l'image qui paroît mal terminée. Ce dernier
inconvénient est sensible lorsqu'on observe les astres par un
tems chargé de vapeurs humides ou agitées par la chaleur,
ou par un vent très-violent, quoique le ciel paroisse clair &
sans nuages.

CHAPITRE VI.

Des obstacles qu'on rencontre dans la cons-
truction des Télescopes & des Microscopes,
& qui les rendent nécessairement imparfaits.

275. ON rencontre deux sortes d'obstacles dans la construction de toutes les machines dioptriques &
catoptriques : le premier vient de la figure que l'on doit
donner aux surfaces réfringentes ou réfléch.. an.s, laquelle
ne peut être que plane ou sphérique ; du moins il est très-
difficile & comme physiquement impossible d'en donner
exactement une autre : le second vient de la décomposition
qui se fait des rayons de lumiere, lorsqu'ils se réfractent
ou qu'ils se réfléchissent.

ARTICLE I.

Des obstacles qui viennent de la sphéricité des surfaces ;
& de la maniere d'y remédier.

276. ON a vû dans le calcul des formules qui ont servi
(134 & 182) à déterminer les longueurs des
foyers des surfaces sphériques réfringentes & réfléchissantes,
qu'on a supposé que la courbure de cette surface étoit insensible depuis l'axe de sphéricité qui passe par l'objet, jusqu'au
point d'incidence du rayon parti du même objet, & qui
tombe obliquement sur cette surface. Dans cette hypothese
les formules font voir que tous les rayons partis d'un même
point vont se couper après leur réflexion ou réfraction, en
un seul & même point : & comme cette hypothese ne peut
être vraie géométriquement, il suit qu'il n'y a pas de point
unique où se fasse l'intersection de tous les rayons partis d'un

même point d'un objet, puis réfléchis ou réfractés par des surfaces sphériques : & qu'ainsi ce que nous avons appellé le *foyer*, ou le lieu de la vraye image, ne peut être que le lieu où se fait l'interfection de plus de ces rayons. Les points où se forment les interfections des autres rayons, sont d'autant plus multipliés, que la furface réfléchiffante ou réfringente est d'un plus grand nombre de dégrés : on en peut voir un exemple & le calcul au n°. 136.

277. Chaque point d'interfection étant le lieu d'une image d'autant plus fenfible, qu'il y a plus de rayons qui s'y entrecoupent, on voit que *toutes ces images voifines de la véritable, la doivent rendre confufe & défigurée.*

278. Étant donnés le nombre de dégrés de l'étendue d'une furface réfringente ou réfléchiffante, on peut calculer la longueur du foyer des rayons qui tombent fur fes bords (136 & 184), & en la comparant à celle qu'on déduit des formules générales pour les foyers, on en conclura l'efpace qui eft occupé par ces deux foyers extrêmes. Cet efpace n'eft gueres confidérable que dans les Microfcopes à réfraction, où, à caufe de la petiteffe du foyer de la lentille objective, fa courbure eft très-fenfible dans une petite étendue de fa furface.

279. On remédie à ces défauts caufés par la fphéricité des furfaces, 1°. en donnant peu d'ouverture à la furface de l'objectif qui eft tournée vers l'objet, en forte que l'arc qui en mefure l'étendue, foit d'un très-petit nombre de dégrés : ayant égard cependant à ce que ce peu d'ouverture n'empêche pas qu'il n'entre une quantité fuffifante de lumiere, pour rendre les images claires & vives : 2°. en mettant un *diaphragme* à l'endroit du foyer. C'eft une furface noire, plane & opaque, percée d'un trou rond, d'un diametre à-peu-près égal à celui de l'image du plus grand objet qu'on puiffe voir diftinctement par le moyen de l'oculaire. Les bords de ce diaphragme arrêtent les rayons inutiles, & les abforbent. 3°. On peint auffi le dedans du tuyau en noir, pour arrêter tous les rayons qui viennent des objets fort écartés de l'axe, & qui étant entrés très-

obliquement , pourroient , après s'être réfléchis dans le tuyau , venir traverser l'image ou l'oculaire , & rendre la vision confuse.

280. De sçavans Géometres avoient démontré quelles étoient les courbures qu'il falloit donner aux surfaces réfringentes & réfléchissantes , pour leur faire réunir en un seul & même point , tous les rayons partis aussi d'un même point : mais malheureusement la sphéricité des surfaces est le plus petit des obstacles qui s'opposent à la perfection des machines d'Optique.

ARTICLE II.

Des obstacles qui viennent de la décomposition des rayons de la lumiere.

NOus avons avancé en parlant de la Vision (15), que la lumiere étoit un composé de rayons de différentes especes, de la combinaison desquelles dépendoient les couleurs : il faut montrer ici en peu de mots les principales expériences sur lesquelles cette assertion est fondée.

281. I. Supposons une chambre obscure (préparée comme au N°. 5) que C (Fig. 38.) soit un petit trou par lequel un faisceau AB de rayons du soleil entre, & va former en D sur un carton blanc exposé au trou ou sur la muraille opposée LK, une image blanche de cet astre , composée (50) d'autant de cercles lumineux confondus , qu'il y a de points dans la surface du trou. Si l'on intercepte ces rayons , en y présentant une des faces QR d'un prisme triangulaire de verre , tellement situé , que son axe soit dirigé perpendiculairement à l'axe de ce faisceau ; alors l'image blanche D du soleil se change en une figure lumineuse FG , placée plus haut, oblongue , arrondie par les deux bouts, applatie par les côtés , & composée des sept couleurs de l'arc-en-ciel , en sorte que l'espace r est rouge,

l'espace o orangé, l'espace i jaune, &c.

282. D'où on voit 1°. que cette figure (ou *spectre*) n'a
pû se former ainsi, à moins que les rayons du faisceau AB,
qui sans le prisme seroient restés confondus jusqu'en D,
n'ayent été séparés en se réfractant sur les deux faces inclinées QR, PR.

283. 2°. Que l'image D étant blanche, & le spectre FG
étant composé de toutes les couleurs successives de l'arc-
en-ciel, *le blanc ne doit être autre chose qu'un mélange de toutes
les couleurs ensemble ; & chacune des autres couleurs, que des
rayons d'une certaine espece.* Ce qui se prouve d'ailleurs par
une infinité d'expériences, entr'autres par celle-ci.

284. II. Si l'on met une lentille convexe à la place où est
le spectre FG, pour réunir en un même foyer tous les rayons
qui le composent, en plaçant un plan uni à l'endroit e
ce foyer, comme un carton, on y verra une image ronde
& blanche. En rapprochant ce carton vers la lentille,
l'image restera blanche vers le milieu ; elle sera terminée
de rouge en bas, & de bleu pourpre par le haut, parce que
la réunion des rayons n'est pas encore faite en cet endroit,
& que le rouge domine vers F, le bleu & le pourpre vers
G ; en éloignant le carton un peu au-delà du foyer par
rapport à la lentille, on y voit une image blanche vers le
milieu, bordée de rouge en haut & de bleu en bas, à
cause que les rayons se sont croisés au foyer.

285. On voit 3°. que *les rayons rouges sont ceux qui se
brisent le moins, ou qui sont les moins réfrangibles, ensuite les
orangés, puis les jaunes,* &c. Et M. Newton a déterminé
par des mesures fort exactes, que du passage de l'air dans le
verre, le sinus de l'angle d'incidence est au sinus de l'angle
brisé, (car ces deux sinus sont dans un rapport constant pour
les rayons de la même espece,) ainsi qu'il est exprimé dans
la Table suivante.

Pour toutes les nuances successives des rayons véritablement

	comme	depuis	jusqu'à	
Rouges		1, 54	1, 5425	
Orangés		1, 5425	1, 544	
Jaunes		1, 544	1, 54667	
Verds		1, 54667	1, 55	à 1.
Bleus		1, 55	1, 55333	
Pourpres		1, 55333	1, 55555	
Violets		1, 55555	1, 56	

286. Il eft aifé de reconnoître à la vûe des termes confus de chacune des couleurs du fpectre, & de fa figure oblongue arrondie par les bouts, qu'il n'eft qu'un amas d'images circulaires du foleil, qui font chacune d'une couleur plus ou moins foncée, en fuivant l'ordre que nous avons énoncé ci-deffus.

287. III. Si après avoir fait un trou à l'endroit du carton où le fpectre FG fe peint, en forte qu'il ne paffe par ce trou que des rayons rouges, on y préfente un ou fucceffivement plufieurs prifmes, une ou plufieurs lentilles de verre; la lumiere qui les traverfera, ne donnera plus que du rouge, quelque réflexion ou réfraction qu'on lui faffe fouffrir, quelle que foit la couleur des verres au travers defquels on la fera paffer, & celle des plans fur lefquels on l'arrêtera. Il arrivera feulement que ce rouge fera plus ou moins vif, felon que les couleurs de ces verres ou de ces plans feront plus ou moins analogues au rouge. Il en eft de même des autres rayons colorés, lefquels étant une fois féparés des autres, ne peuvent plus perdre leur couleur.

288. On peut réunir enfemble, par une lentille de verre, deux ou trois des couleurs du fpectre, & en former des couleurs compofées à volonté; les nuances en varieront felon les rapports des quantités de rayons de chaque efpece: on les décompofera enfuite, fi l'on veut, par le moyen du prifme.

289. IV. Soit un prifme ifofcele QTH (Fig. 39) rectangle en T. Que fur la face TQ on faffe tomber un faifceau AK de lumiere du foleil, à-peu-près perpendiculairement à cette face, afin qu'il puiffe y entrer fans fe brifer, une partie DL de ce faifceau fe réfléchit fur la bafe HQ, & fortant encore à-peu-près perpendiculairement à la face

HT, (à cause de l'angle droit T), elle va en faisceau de rayons paralleles de D en M; & mettant la face GE d'un prisme FGE, à-peu-près perpendiculairement à la rencontre de ce faisceau, on forme un spectre vr, avec toutes ses couleurs, (désignées ici par les premieres lettres de leur nom) quoiqu'assez foibles, à cause du petit nombre des rayons réfléchis sur HQ. Le reste de la lumiere du faisceau AD sort du prisme HTQ, réfractée & divisée en rayons de plusieurs couleurs DR, DO, DI, &c. En tournant un peu le prisme HTQ, sur son axe, de sorte que l'angle d'incidence du faisceau AD sur la base HQ, commence à devenir trop grand, pour que la lumiere puisse sortir du prisme en se réfractant, & que par conséquent elle commence à ne pouvoir plus que se réfléchir, on voit d'abord disparoître le rayon violet DU, puis le pourpre DP, ensuite le bleu DB, &c. mais en même tems les couleurs v, p, b du spectre vr, deviennent successivement plus vives, ce qui fait voir que ces rayons qui disparoissent, vont en se réfléchissant sur HQ, se joindre au faisceau DM, & qu'ainsi les rayons les plus réfractés sont aussi réfléchis les premiers. Mais comme on observe constamment qu'il n'y a aucune différence sensible entre l'angle d'incidence & l'angle de réfléxion d'un faisceau de rayon, il paroît que les rayons violets ne se réfléchissent les premiers, que parce qu'ils sont déja séparés des autres au point D, & qu'ainsi la réfléxion ne se fait qu'après une réfraction faite dans un très-petit espace compris entre le point d'incidence & le point de réflexion, de sorte que les rayons infiniment peu séparés dans ce petit espace par la réfraction qu'ils y souffrent, en sortent par la réflection sous un angle égal à celui sous lequel ils y sont entrés.

ARTICLE III.

Application générale des propriétés précédentes de la Lumiere aux Télescopes & aux Microscopes.

290. DE la diverse réfrangibilité des rayons de lumiere, il suit évidemment, que ce que nous avons appellé *l'image* d'un point, faite au foyer d'un verre, ne doit être réellement qu'une suite de points colorés r, o, i, u, b, p, v, (Fig. 40) arrangés selon l'ordre des couleurs de l'arc-en-ciel, en sorte que le foyer r des rayons rouges est le plus loin du verre, & le foyer v des rayons violets en est le plus près. Ces derniers rayons colorés étant prolongés, après avoir coupé l'axe, vont traverser ou du moins passer sur les bords des images qui sont plus loin du verre, ce qui les rend confuses, ou du moins les fait paroître entourées de franges colorées, dans lesquelles le bleu & le pourpre dominent ordinairement; & c'est ce que les Opticiens appellent des *Iris.*

291. Cet inconvénient tombe principalement sur les images formées par les objectifs des Télescopes & des Microscopes, & surtout 1°. lorsque ces images se font loin de l'objectif, parce que la séparation d'un faisceau de lumiere en rayons colorés, causée par la réfraction, ne se faisant que sous de très-petits angles, elle devient sensible à proportion de la distance de l'image à la surface réfringente ou réfléchissante. 2°. Lorsque l'ouverture de l'objectif est grande, c'est-à-dire, que l'étendue de la surface de l'objectif qui reçoit la lumiere, est un arc de plusieurs dégrés; parce que plus cette ouverture est grande, plus l'angle d'incidence des rayons qui tombent vers ses bords est grand; leur réfraction est donc à proportion plus grande, & en même tems les angles des écarts des rayons colorés sont aussi plus grands; par conséquent les couleurs sont plus séparées, & cette séparation devient plutôt sensible.

ARTICLE IV.

Application aux Télescopes & Microscopes par Réfraction.

292. Par le calcul de la formule générale trouvée ci-dessus (182), en faisant $q = 1$, & successivement $p = 1,54$ pour les rayons rouges, puis $p = 1,56$ pour les violets, on peut voir jusqu'où peut s'étendre le spectre coloré rv (Fig. 40) dans un Télescope. Ainsi en négligeant l'épaisseur du verre, ou faisant $e = o$, $r = R$ & $d = \infty$, on réduira la formule à celle-ci, $x = \dfrac{pr}{2pp - 2p}$. On aura donc pour le foyer des rayons rouges, $x = o, 9259 r$, & pour celui des rayons violets, $x = o, 8928 r$. Or il est aisé de voir que la différence 331 entre ces deux coefficiens, est la 28e partie du plus grand, puisque 9259 divisés par 331 ont 28 pour quotient : Donc *lorsque l'objet est à une distance infinie, la longueur du spectre coloré, formé par la différente refrangibilité de la lumiere, est $\frac{1}{28}$ de la longueur du foyer de la lentille.*

293. Mais parce que la lumiere est la plus dense & la moins séparée qu'il est possible vers l'endroit CD, qui est sensiblement au milieu du spectre coloré, & où par conséquent on peut supposer le vrai lieu de l'image des objets blancs, tels que sont les astres, il suit 1°. que *dans un Télescope, les termes de la vision confuse, occasionnée par la différente refrangibilité des rayons, sont de part & d'autre du vrai lieu de l'image des objets eloignés, à $\frac{1}{55}$ environ de la longueur du foyer de l'objectif.*

294. A cause des triangles semblables vCF, vAG, on a CF : Fv :: AG : Gv ; donc CF est aussi $\frac{1}{55}$ de AG : Donc 2°. *le diametre CD des franges colorées qui entourent l'image F d'un point fort éloigné, est $\frac{1}{55}$ de l'ouverture de l'objectif.*

295. Rem. I. En plaçant l'image en CD, l'effet des

images particulieres *r*, *o*, *j*, *u*, *b*, *p*, *v*, est de jetter des nébulosités sur l'image F; & l'effet des rayons qui coupent
CD, est d'entourer d'*Iris* cette image F : de sorte que
chaque point sensible d'une image étant entouré d'Iris,
& accompagné de nébulosité, l'image entiere d'un objet
en devient confuse.

296. Coroll. I. Si l'objet vû par un Télescope est d'une
certaine couleur, par exemple, rouge, il est clair que pour
le voir distinctement, il faut allonger la lunette en retirant
l'oculaire, parce que l'image la plus distincte de l'objet est
vers *r*. Ce seroit le contraire s'il étoit bleu ou pourpre :
d'où on voit que *le foyer des Télescopes & Microscopes varie*
selon la couleur des objets que l'on voit par leur moyen. Il en est
de même lorsque l'on voit les astres par un tems qui n'est
pas parfaitement serein : selon que les vapeurs ou de legers
nuages laissent passer plus de rayons d'une certaine couleur
que d'une autre, l'image la plus sensible de cet astre se fait
plus près ou plus loin de l'objectif, comme l'a remarqué
M. Bouguer.

297. Coroll. II. Si au lieu de se servir de verre blanc
pour faire l'objectif d'une lunette, on y employoit un verre
coloré qui ne laissât passer que les rayons qui seroient de
cette couleur, comme si on se servoit d'un verre bleu, alors
les images ne pouvant être formées que par les rayons bleus
partis de l'objet, elles ne seroient ni confuses ni entourées
d'*Iris*, & l'on calculeroit exactement leur vrai lieu & leur
grandeur, en employant le rapport de 1 à 1,551667 dans
la formule des Télescopes & Microscopes. Mais il arriveroit
que ces images seroient trop foibles de lumiere pour être
distinctes.

298. Coroll. III. Il est évident que les angles de dis-
persion des rayons colorés restans les mêmes, plus la droite
AG sera petite, plus CF sera petite. On peut même dire
que F*v* sera aussi plus petite, à cause que l'extension du
foyer causée par la sphéricité du verre sera plus petite
(279). *On diminue* donc *les Iris & les nébulosités de l'image* F;
à mesure qu'on diminue l'ouverture de l'objectif. Mais comme

par ce moyen on perd de la lumiere, & à proportion de la clarté dans l'image, on voit qu'il faut régler l'ouverture des objectifs, de sorte qu'il y entre suffisamment de lumiere, que les images soient les plus nettes qu'il est possible, & sans Iris sensibles; ce qu'on ne peut déterminer que par l'expérience, & selon la bonté des verres dont on se sert.

299 Rem. II. En faisant de pareils calculs pour les microscopes, selon les circonstances & les dimensions données, on verra dans quel cas les Iris & les nébulosités occupent un espace plus ou moins considérable, & sont par conséquent plus ou moins sensibles; d'où on déterminera combien on peut donner d'ouverture à l'objectif, pour laisser entrer le plus de lumiere qu'il est possible, sans rendre l'image confuse. Pour le plus sûr, on pourra couvrir l'objectif de diaphragmes de différens diametres successivement, pour trouver celui qui fait le meilleur effet dans les circonstances présentes.

300. Rem. III. Les rayons pourpres & violets du Spectre coloré sont très-foibles, & presque toujours insensibles, à moins que l'objet n'ait une lumiere extrêmement vive, telle qu'est celle du soleil; les rayons bleus sont même assez foibles, aussi-bien que les rayons rouges qui sont vers r. Il suit de-là 1°. que dans les Télescopes & Microscopes, il faut diminuer de beaucoup la longueur du spectre coloré réel, pour la réduire à celle du spectre coloré sensible, & celle du diametre des Iris réelles, pour le réduire à celui des Iris sensibles. M. Newton trouve qu'au lieu de $\frac{1}{55}$, on peut mettre $\frac{1}{250}$ environ. 2°. Que le vrai lieu CD de l'image F doit être placé entre les foyers des rayons jaunes & orangés, où, selon les expériences du prisme, la lumiere est la plus vive : (ce point se trouve en faisant dans la formule des foyers des verres $p = 31$ & $q = 20$).

301. Rem. IV. En diminuant l'ouverture des objectifs, on n'ôte pas entierement les Iris, on ne fait que les diminuer; & ce qui en reste, paroît d'autant moins large & moins coloré, ou pour mieux dire, moins éloigné de la couleur de l'objet, que l'ouverture de l'objectif est plus pe-

zite, & l'objet plus lumineux : d'où il suit que *les Iris augmentent le diametre apparent des images* ; ce qui a lieu aussi dans les objets qu'on regarde à la vûe simple : l'ouverture de la prunelle fait à l'égard des images qui s'en forment dans l'œil, ce que fait l'ouverture de l'objectif à l'égard des images qui sont à son foyer. Par cette observation on rend raison de plusieurs illusions optiques ; par exemple, 1°. *pourquoi un feu vû de loin paroît sous un angle plus grand qu'on ne le trouve par le calcul de sa largeur réelle comparée à sa distance.* C'est ainsi que M. Picard observa qu'un feu large de 3 pieds, vû de nuit dans une Lunette à la distance de près de 32000 toises ou 16 lieues Parisiennes, avoit un diametre apparent de 8″, tandis qu'il ne devoit être que de 3″ & un quart. 2°. *Pourquoi les étoiles qui paroissent avoir un diametre sensible, s'évanouissent en un instant, lorsque le bord obscur de la Lune vient à les rencontrer en s'avançant assez lentement vers elles.* 3°. *Pourquoi les plus belles étoiles paroissent avoir un diametre à proportion plus petit, lorsqu'on les regarde avec un long Télescope, qu'avec un plus court,* qui par conséquent grossit bien moins les objets. Il faut remarquer que les ouvertures des objectifs des longs Télescopes sont à proportion plus petites que dans les Télescopes plus courts. Pour un Télescope astronomique de 30 pieds de long, on ne donne que 3 pouces d'ouverture à son objectif, & pour un Télescope de 3 pieds, on donne près d'un pouce d'ouverture. 4°. *Pourquoi en considérant la Lune avec un Télescope, lorsqu'elle est encore nouvelle, & que la lumiere que la Terre lui renvoye est assez forte pour faire voir distinctement la partie de la Lune qui n'est pas éclairée par le Soleil, on voit que le demi-cercle lumineux qui termine la Lune du côté du Soleil, est sensiblement plus grand que le demi-cercle qui la termine du côté opposé.* 5°. *Pourquoi lorsque le bord lumineux de la Lune s'avance vers une étoile de la premiere grandeur pour la cacher, cette étoile, dont la lumiere est beaucoup plus vive que celle de la Lune, ne s'éclipse qu'après avoir paru entrer toute entiere sur le disque de la Lune ;* si ce n'est que cette étoile reste visible, tant qu'elle ne se trouve pas derriere le vrai bord de la

Lune,

Lune, & qu'elle n'est que dans l'espace transparent qu'occupe l'Iris qui entoure la Lune.

302. SCHOLIE. Il résulte en général de toutes les observations précédentes, que ce n'est que par l'expérience &
selon les différentes manieres dont les corps sont éclairés
& colorés, qu'on peut régler l'ouverture des objectifs des
Téléscopes & Microscopes, le vrai lieu des images & le
diametre des diaphragmes qu'on y doit placer pour en
borner le champ.

303. A l'égard de la proportion qu'il doit y avoir entre
la longueur du foyer de l'objectif & celle de l'oculaire, on
ne doit aussi la déduire que de l'expérience, parce qu'elle
doit varier beaucoup selon les circonstances de la perfection
des objectifs, & de la lumiere de l'objet. Ainsi, avec un
objectif bien travaillé, on pourra voir très-distinctement
un objet fort lumineux, à l'aide d'un bon oculaire d'un foyer
assez court, parce que l'image étant sans défaut sensible &
bien vive, on la pourra voir par une Loupe qui la grossisse beaucoup: mais si l'objet est obscur, on ne peut le voir
que par un oculaire qui disperse peu la lumiere de son image,
& dont par conséquent le foyer ne soit pas trop court: ou
si l'objectif a quelque défaut, ce qui rend aussi l'image
défectueuse, il ne la faut regarder qu'avec un oculaire qui
grossisse peu, afin que les défauts de l'image soient moins
sensibles. Les objets qu'on veut voir de jour demandent
aussi des oculaires plus foibles, à cause de la grande lumiere, qui étant entrée dans l'œil du spectateur, l'a ébloui
avant que l'œil fût appliqué à la lunette.

304. On ne peut donc établir sur toutes ces choses aucune regle constante de pratique : ce ne doit être que par
l'usage des machines dioptriques, & par les mesures actuel-
les des dimensions de celles qui sont les plus estimées, que
l'on doit se régler pour proportionner les parties de celles
qu'on voudroit construire sur leur modele. Ce qui doit
s'entendre aussi des tuyaux, montures, & en général de
tout l'appareil nécessaire pour l'usage de ces machines.

305. Nous ajouterons seulement ici les dimensions que

H

nos meilleurs Ouvriers donnent aux Lunettes & aux Microscopes ordinaires.

Pour une Lunette à quatre verres.

Longueur du Foyer des Objectifs.	Diametre de l'ouverture des Objectifs.	Longueur du Foyer des Oculaires.	Diametre du Diaphragme au Foyer de l'Objectif.	Augmentation des Diametres apparens des Objets.
1 pied	4 lignes $\frac{1}{2}$	16 lignes	4 lignes	9 fois
2	6 $\frac{1}{2}$	22	5 $\frac{1}{2}$	13
3	9	26	7 $\frac{1}{2}$	17
4	11	28	9	21
5	12	30	10	24
6	13	31	10 $\frac{1}{2}$	28
7	14	34	11	30
8	15	36	11 $\frac{1}{2}$	32

Cette Table suppose que les objectifs sont bons, sans être des plus excellens ; car ceux-ci pourroient supporter des oculaires d'un foyer plus court, & des ouvertures plus grandes à l'objectif & au diaphragme du foyer.

Pour les Lunettes Astronomiques.

Longueur du Foyer des Objectifs.	Diametre de l'ouverture des Objectifs.		Longueur du Foyer de l'Oculaire.		Augmentation des Diametres apparens des Objets.
pieds	pouces	lignes	pouces	lignes	environ
1	0	6½	0	8	20 fois
2	0	9	0	10	28
3	0	11½	1	0½	34
4	1	1	1	2½	40
5	1	2½	1	4	44
6	1	4	1	6	49
7	1	5½	1	7½	53
8	1	6½	1	8½	56
9	1	8	1	9½	60
10	1	9	1	11	63
11	1	10	2	0	66
12	11	1	2	2	69
14	2	0½	2	3	75
16	2	2	2	5	79
18	2	4	2	7	85
20	2	5½	2	8½	89
25	2	8	3	0	100
30	3	0	3	3½	109
35	9	3	3	7	118
40	3	6	3	10	126
45	3	8	4	0½	133
50	3	10	4	3	141

306. Lorsque les objectifs sont excellens, on peut leur donner des ouvertures plus grandes, & des oculaires d'un foyer plus court. C'est ainsi qu'un objectif excellent de 34 pieds, travaillé par Campani, porte aisément un oculaire de deux pouces & demi de foyer, & une ouverture de 4 pouces de diametre: alors il amplifie 163 fois les diametres apparens des objets celestes qui conservent une clarté suffisante.

307. Pour un Microscope à trois verres, l'oculaire doit être d'un pouce de foyer, & d'environ 9 lignes de diame-

tre ; le verre du milieu placé à huit lignes de distance de l'oculaire, doit avoir 18 lignes de foyer, & un pouce de diametre. On y peut ajuster différentes Lentilles objectives de rechange ; par exemple, de 6, de 4, de 2, de 1 lignes de foyer : mais les ouvertures de ces Lentilles doivent être très-petites, & assujetties à la bonté des verres. Leur distance à l'oculaire peut être de six pouces environ.

ARTICLE V.

Application aux Télescopes & Microscopes Catadioptriques.

308. L'Expérience a fait voir que les images formées par réflexion n'étoient pas à beaucoup près si sujettes à être confuses que celles qui sont formées par la réfraction. On conçoit en effet que puisque les rayons, après s'être séparés par la réfraction, vont en s'écartant de plus en plus, les différens faisceaux qu'ils forment doivent se distinguer de plus en plus par leurs couleurs. Mais dans la réflexion, la séparation des rayons paralleles ne se fait pour ainsi dire que dans le point d'incidence, ou que dans l'intervalle compris entre le point d'incidence & le point de réflexion. Après la réflexion ces rayons infiniment peu séparés sont encore sensiblement paralleles, ce qui fait qu'on ne peut appercevoir cette séparation de rayons, il arrive seulement que les faisceaux de rayons réfléchis sont tant soit peu plus gros qu'auparavant. On ne doit donc pas appercevoir des Iris dans les Télescopes catadioptriques, mais seulement un peu de confusion dans les images, causée en partie par ce renflement des faisceaux, en partie par la sphéricité des miroirs. D'où il suit qu'on peut donner une ouverture beaucoup plus grande aux miroirs objectifs des Télescopes & Microscopes, qu'aux verres objectifs de même foyer, ce qui doit rendre les images par réflexion, beaucoup plus vives, & par conséquent distinctement visibles à l'aide

d'une Lentille d'un foyer très-court : elles peuvent donc paroître très-grandes sans cesser d'être claires ; avantages qu'on ne peut se procurer avec des Télescopes par réfraction, à moins qu'ils ne soient d'autant plus longs (comme les Tables de l'Article précédent le font voir,) & par conséquent d'autant plus incommodes à manier.

309. Dans l'usage des Télescopes Catadioptriques de la première espece (décrite N°. 246) on se sert de différens oculaires, selon la lumiere de l'objet que l'on veut voir, & selon la grandeur dont on veut que son diametre apparent soit augmenté. Voici les dimensions qu'on peut donner aux parties de ce Télescope, pour faire un bon effet. (Voyez Smith, Tom. I. pag. 364).

Longueur du Foyer du Miroir concave.	Diametre de l'ouverture du Miroir.		Longueur moyenne du Foyer de l'Oculaire.		Augmentation des Diametres apparens des Objets.
pieds	pouces	lignes	lignes	centiémes	environ
$\frac{1}{2}$	0	11	2,	00	36 fois
1	1	6	2,	39	60
2	2	6	2,	83	102
3	3	3	3,	15	138
4	4	1	3,	37	171
5	4	10	3,	54	202
6	5	7	3,	73	232
7	6	3	3,	88	260
8	6	11	4,	01	287
9	7	7	4,	13	314
10	8	2	4,	24	340
11	8	9	4,	34	365
12	9	4	4,	44	390

A l'égard du petit miroir plan IH (Fig. 35) il doit être ovale, parce qu'il coupe sous un angle de 45° l'axe A o' du cône D o' D de rayons incidens parallelement à l'axe : ses dimensions se reglent sur l'espace que tous les rayons réfléchis occupent à l'endroit où on doit poser le miroir, pour faire usage de l'oculaire, dont le foyer est le plus court ; ce qui se peut aisément calculer. J'ai un pareil Télescope, dont le foyer du miroir objectif est de 2 pieds : le petit miroir a près de 7 lignes dans sa plus grande largeur, & 5 dans sa plus petite.

CHAPITRE VII.
Diverses Questions sur l'Optique.

LA nécessité d'être court dans ces Leçons, & la connexion trop intime d'un grand nombre des parties de l'Optique avec la Physique Expérimentale, qui ne fait pas l'objet de nos Exercices, nous ont obligé de passer sur une infinité de recherches curieuses & intéressantes. Cependant pour tenir lieu de supplément à ce qu'il y a de moins dépendant de la Physique, & pour exercer les Commençans, nous allons proposer quelques questions, en indiquant seulement les réponses.

310. I. *Pourquoi voit-on de grandes traînées de lumiere, lorsqu'on reçoit un coup à la tête dans l'obscurité ?*

Le coup ébranle & fait trémousser pendant quelque tems toutes les parties élastiques de la tête, & par conséquent les fibres des nerfs optiques, ce qui excite une sensation pareille à celle d'une lumiere confuse.

311. II. *Pourquoi voyons-nous beaucoup mieux à travers les vîtres les Passans dans la rue, que les Passans ne nous voyent à travers les mêmes vîtres ?*

Ceux qui sont dans la rue sont dans un grand jour, où le peu de rayons qui sortent de la chambre par les vîtres, fait peu d'impression ; c'est le contraire pour ceux qui sont dans la chambre.

312. III. *Pourquoi en regardant au jour la tête d'une éguille posée près de l'œil, & entre l'œil & un carton percé d'un très-petit trou d'éguille, cette tête paroît-elle derriere le carton & renversée ?*

On ne la voit pas en-deçà du carton, parce qu'elle est trop près de l'œil, & l'on la voit au-delà & renversée, par la même raison qu'un spectateur placé en-dehors d'une chambre obscure, & qui y pourroit regarder par le trou, sans empêcher la lumiere d'y entrer, verroit les images renversées des objets extérieurs.

313. **IV.** *Pourquoi un charbon allumé tourné rapidement, paroît-il faire un ruban de feu ?*

L'impression de la lumiere sur la retine, y cause des trémoussemens, qui ont une certaine durée, pendant laquelle la sensation reste la même : & ces trémoussemens durent pendant le tems de la révolution du charbon, lorsque l'on lui fait décrire très-rapidement un petit cercle.

Le sens de la vûe est un des plus paresseux : le passage successif & rapide de plusieurs couleurs différentes, n'y peut donc faire autant d'impressions distinctes, ni procurer à la vûe un plaisir semblable à celui qu'on procure à l'oreille par une suite de sons harmonieux produits rapidement.

314. **V.** *Pourquoi voit-on souvent un grand nombre de nuages blancs, disposés en bandes circulaires, peu larges, & qui se réunissent toutes à un même point dans l'horizon ?*

Quand des nuages fort legers, & par conséquent fort hauts, sont détachés les uns des autres, un vent un peu élevé & parallele à l'horizon, les chasse tous du même côté en longues bandes paralleles entr'elles & à l'horizon, lesquelles doivent (82) paroître tendre à un même point de réunion dans la ligne de niveau qui passe par l'œil, & par conséquent dans l'horizon. Et parce qu'on voit ces bandes fort éloignées, comme si elles étoient couchées sur le fond de la voûte céleste, elles paroissent circulaires.

315. **VI.** *En regardant un Lustre allumé, suspendu à une longue corde, & qui tourne sur son axe, pourquoi arrive-t-il souvent que les uns soutiennent qu'il tourne dans un sens, & les autres dans le sens opposé, quoiqu'on le voye du même endroit ?*

Les bougies allumées forment un cercle ; on rapporte le mouvement du Lustre au diametre qui passe par l'œil. A une distance un peu considérable, on ne peut s'assûrer quelle est la bougie qui est à l'extrémité de ce diametre la plus éloignée de l'œil (89), sur-tout quand le plan du cercle passe à-peu-près par l'œil, ou quand on ne fait pas attention à l'effet de la perspective. Donc de deux personnes, qui prendront la bougie la plus proche, l'un comme la plus proche, l'autre comme la plus éloignée, le premier verra le Luſtre tourner dans un ſens, le ſecond dans le ſens oppoſé.

La même choſe peut arriver à deux perſonnes qui ne voyent que très-obliquement le plan d'une girouette, ou celui des aîles d'un moulin-à-vent un peu éloigné.

316. VII. *D'où vient l'éblouiſſement qu'on ſent en paſſant de l'obſcurité à un grand jour, & l'aveuglement en paſſant du grand jour dans une obſcurité médiocre ?*

Dans l'obſcurité la prunelle eſt extrêmement ouverte, dans le grand jour ſon ouverture eſt fort petite. Le mouvement de l'Iris par lequel cette prunelle ſe dilate ou ſe contracte n'eſt pas fort prompt : la lumiere qui tombe ſubitement ſur la prunelle très-ouverte, entre en trop grande quantité pour faire une image diſtincte (288), elle ébranle trop ſubitement & trop violemment les organes de la vûe, c'eſt l'éblouiſſement. Un œil dont la prunelle eſt très-reſſerrée, & qui paſſe ſubitement dans l'obſcurité, ne reçoit pas d'abord aſſez de lumiere pour diſtinguer quelque choſe, c'eſt l'aveuglement : il ne ceſſe que lorſque la prunelle a eu le tems de ſe dilater ſuffiſamment.

317. VIII. *Pourquoi un objet poſé fort près de l'œil, & vû par un très-petit trou d'épingle fait dans un feuillet de papier noirci, paroît-il d'autant plus gros qu'il eſt plus près de l'œil, tandis qu'en le regardant ſans ce petit trou, il paroît ſenſiblement de la même groſſeur, quoiqu'on le mette à différentes diſtances de l'œil.*

La viſion ſe fait parfaitement par ce trou (213), & le papier poſé ſur l'œil, arrête la vûe des objets circonvoiſins, & ne laiſſe à juger de la groſſeur des objets, que par la grandeur des images formées dans l'œil.

318. IX. *Pourquoi un papier mouillé paroît-il plus gris & plus tranſparent ?*

Un papier ſec a ſes pores embarraſſés de filets entrelacés, la liqueur qui pénetre les pores range ces filets, & ces pores deviennent comme de petits tuyaux pleins de liqueur & propres à tranſmettre la lumiere : ce qui donne au papier la tranſparence en lui ôtant l'éclat qu'il tenoit des rayons qui ne pouvoient le pénétrer.

319. X. *Pourquoi certaines personnes voyent-elles plus clair la nuit que d'autres ?*

Ce font principalement les Myopes, qui voyent diftin-Aement & fans effort les objets voifins, au lieu que ceux qui ont une bonne vûe ordinaire, font obligés de ferrer les yeux & par conféquent de rétrecir leur prunellle, pour voir les objets fort proches, ce qui fait qu'ils en reçoivent beaucoup moins de lumiere que les Myopes.

320. XI. *Pourquoi les Myopes voyent-ils ordinairement les objets éloignés plus gros que ceux qui ont une bonne vûe ?*

Les images diftinctes ne fe font dans l'œil qu'au point d'interfection des rayons de lumiere partis d'un même point : l'œil myope ne reçoit fur la rétine tous ces rayons qu'au-delà de leur point d'interfection, & par conféquent en un endroit où ces rayons font des faifceaux plus écartés.

321. XII. *Pourquoi ceux qui deviennent Presbytes ne peuvent-ils plus lire une écriture fine, qu'en l'expofant au Soleil, ou qu'en mettant une forte lumiere fort près de cette écriture ?*

Une lumiere très-vive fait rétrécir leur prunelle, & la réduit à n'être prefque qu'un très-petit trou, au-travers duquel la vifion eft diftincte (213).

322. XIII. *Pourquoi ceux-même qui ont la vûe fort bonne, croyent-ils voir une efpece de vifage dans la Lune pleine, tandis qu'avec un Télefcope on n'en voit aucune apparence ?*

Il y a fur la Lune, & fur-tout vers deux de fes bords oppofés, de grandes taches, ou pour mieux dire, de grands efpaces plus obfcurs que le refte : (les Aftronomes appellent ordinairement ces grands efpaces obfcurs, *les Mers de la Lune*). Ces amas de grandes taches ne vont pas jufqu'aux bords de la Lune, ni jufqu'au centre, mais ils font difpofés de part & d'autre du centre, & féparés par une bande plus claire, qui traverfe la Lune par le milieu de fon difque, & qui eft cependant entrecoupée vers fes deux bouts, de taches longues & étroites & de points brillants. Il n'y a pas de doute que la grande diftance de la Lune à la Terre, & l'éclat de fa lumiere totale, n'empêchent de voir bien diftinctement les vraies figures de ces efpaces clairs & obfcurs. Cela joint au préjugé reçu à la vûe des images de la pleine Lune deffinée comme un vifage, fait que les deux grands efpaces obfcurs, bordés d'un clair vif vers la circonférence de la Lune, & féparés par un clair vers le milieu, paroiffent être comme des joues, cet efpace clair du milieu comme un nés, & les clairs femés d'obfcur vers fes deux extrémités femblent former le refte du vifage. Mais le Télefcope faifant voir diftinctement toutes les parties de la Lune bien terminées, cette apparence de vifage s'évanouit entiérement.

323. Ceci nous conduit à une obfervation importante. Si l'éclat de la lumiere de la Lune étoit la principale caufe de la confufion avec laquelle on voit fes taches, on y remédieroit aifément, en la regardant par un petit trou (212). Cependant quoique ces taches foient affez grandes, & quelque excellente que foit la vûe de l'Obfervateur, on ne peut les voir bien terminées qu'à l'aide d'un Télefcope : il faut donc que la Lune foit au-delà de la portée des meilleurs yeux ; & comme elle eft éloignée de la terre d'environ 90000 lieues, que par conféquent les rayons qu'un même point de fa furface nous renvoye , font auffi fenfiblement paralleles qu'il eft poffible, il fuit clairement que *le parallélifme des rayons de lumiere, en entrant dans un œil d'une vûe excellente, n'y caufe pas une vifion diftincte , mais qu'au contraire il leur faut toujours un peu de divergence :* fans cela en effet les objets les plus éloignés fe verroient très-diftinctement ; ce qui eft évidemment faux & contraire à l'expérience. Par le moyen des Télefcopes, on peut procurer aux rayons de lumiere la divergence qui leur eft néceffaire ; on peut par conféquent voir toujours les objets diftinctement, toutes chofes d'ailleurs égales. Mais pour cela le foyer de l'oculaire ne doit pas concourir exactement avec le lieu de la vraie image formée par l'objectif ; il doit être tant-foit-peu au-delà, afin que les rayons en fortent divergens. La différence néanmoins eft prefque imperceptible dans les Télefcopes, mais elle eft fenfible dans les Microfcopes tant fimples que compofés ; à proportion de l'aug-

mentation qu'ils donnent aux diametres apparens des objets, & selon la conformation de l'œil de celui qui s'en sert. C'est pourquoi il ne faut pas prendre à la rigueur les regles générales que nous avons données, tant pour la construction que pour le calcul des effets des Télescopes & Microscopes, & qui supposent que pour la vision distincte des images, les rayons doivent sortir des oculaires en faisceaux parallèles. Nous nous sommes arrêtés à cette hypothese, parce que le parallélisme est un cas simple, & qu'il est à très-peu-près celui qui convient à la nature des yeux bien conformés. Ces regles peuvent donc passer pour suffisamment exactes dans les Télescopes ; mais dans les Microscopes on doit les regarder comme propres à déterminer à-peu-près les circonstances nécessaires pour voir distinctement les objets , & pour connoître le rapport entre leur grandeur réelle & leur grandeur apparente, en sorte qu'il n'y ait plus qu'un très-petit tâtonnement à faire, pour avoir la meilleure position des verres entr'eux & par rapport à l'objet, & qu'à corriger le calcul des regles générales, par la mesure des dimensions que l'expérience aura déterminées dans les différens cas.

324. **XIV.** *Pourquoi lorsque le Soleil ou une autre lumiere vive éclaire le dedans d'un vase rond, voit-on en dedans de ce vase deux especes de demi-cercles lumineux, qui se joignent en forme de cœur, & dont le point de réunion se rapproche d'autant plus du centre ou de l'axe du vase, que la lumiere se rapproche aussi de ce vase ?*

Ces courbes lumineuses sont l'effet des intersections très-voisines des rayons de lumiere réfléchis sur chacun des points consécutifs de la demi-circonférence concave du vase qui est éclairée, comme la Figure 41 le fait voir. Le point B est le foyer de cette demi-circonférence, & sa distance au centre dépend (145) de celle de l'objet lumineux à la circonférence éclairée. Les deux courbes AB, BC, s'appellent *caustiques par réflexion.*

325. **XV.** *Pourquoi en poussant une épée nue vers un grand miroir sphérique-concave, fait-on peur à ceux qui se regardent dans ce miroir ?*

Lorsque l'épée est située entre le centre & le foyer du miroir, son image renversée est en-deçà du miroir & du même côté que les spectateurs ; cette image s'éloigne du miroir (143) à mesure que l'épée en approche réellement : la pointe semble par conséquent se porter vers les spectateurs.

326. XVI. *Lorsque le Soleil, la Lune ou un flambeau éclairent une eau courante, comme une Rivière, pourquoi voit-on sur sa surface une très-longue traînée lumineuse, tremblante & interrompue ?*

Les parties de l'eau courante glissent les unes sur les autres en petites lames, qui font l'effet d'autant de petits miroirs plans différemment inclinés, & qui changent à tout moment de grandeur, de place, de vîtesse & d'inclinaison : elles se présentent tantôt du côté du spectateur, tantôt à l'opposite.

327. XVII. *En regardant fort obliquement dans une glace de miroir, pourquoi y voit-on cinq ou six images d'une bougie allumée & posée tout près du miroir ?*

L'épaisseur de la glace est composée de plusieurs couches ou lames de verre posées les unes sur les autres, & dont les surfaces font l'effet d'autant de miroirs plans.

328. XVIII. *Pourquoi lorsqu'un bâton droit est à-demi enfoncé dans l'eau, paroît-il toujours tellement brisé à la surface de l'eau, que lorsque l'œil d'un spectateur est dans le plan de l'angle brisé, la portion qui est dans l'eau semble d'autant plus courte & d'autant plus inclinée vers le spectateur & vers la surface de l'eau, que la portion qui est hors de l'eau, est plus inclinée vers la surface de l'eau du côté où est le spectateur.*

La réponse est facile à la simple inspection de la Figure 42, où les rayons HT, GT, qui partent du bout T du bâton, étant brisés, puis reçus par l'œil en O dans les directions HO, GO., ils paroissent concourir en r ; de sorte que l'œil en O voit la partie BT du bâton, comme si elle étoit Br, au lieu que l'œil en o la voit comme si elle étoit Bt.

329. XIX. *Pourquoi les objets vûs à travers une masse d'eau ou un morceau de glace de miroir un peu épais, paroissent-ils plus gros, plus proches, & souvent plus clairs ?*

Soit IK (Fig. 43) l'ouverture de la prunelle. L'objet O se voit à travers le verre par les rayons extrêmes OBDI, OCEK, qui paroissent venir du point o, & former un angle I o K plus grand que l'angle à la vûe simple IOK. Les rayons qui tombent de l'objet sur le verre entre B & C, parviennent à l'œil; à la vûe simple, il n'y peut parvenir que les rayons compris entre F & G, & qui sont par conséquent en moindre quantité.

330. XX. *Pourquoi un plongeur ne peut-il voir que très-confusément les objets lorsqu'il est dans l'eau ?*

La réfraction des rayons à l'entrée de l'air dans l'eau, est presqu'aussi grande que celle qui se fait dans notre œil : donc lorsque l'œil est dans l'eau, il ne se fait qu'une très-petite réfraction des rayons, & par conséquent il ne s'y peut former d'images distinctes, que fort au-delà de la rétine.

331. XXI. *Pourquoi les crystallins des poissons sont-ils des globes sensiblement sphériques & solides ?*

L'humeur aqueuse eût été inutile dans les yeux des poissons, & si leur crystallin eût été enfoncé comme dans les animaux terrestres, leur vision n'eût pas eu assez de champ : il a donc fallu placer le crystallin sous la prunelle, donner beaucoup d'ouverture à cette prunelle : faire ce crystallin plus dense pour rendre la réfraction plus grande, & le faire sphérique pour laisser peu d'intervalle entre sa surface intérieure & le fond de l'œil.

332. XXII. *Pourquoi ceux qui regardent un flambeau en clignant les yeux ou en pleurant, voyent-ils sortir du flambeau des traînées de lumiere, sur-tout dans la partie supérieure & dans la partie inférieure ?*

C'est l'effet d'une réfraction irréguliére, qui se fait dans les liqueurs qui humectent les bords des paupieres, qu'on approche des bords de la prunelle en clignant les yeux, ou dans celles qui se répandent sur la cornée en pleurant.

333. XXIII. *Pourquoi un objet vû à travers d'un verre à facettes, paroît-il multiplié à proportion du nombre de ces facettes ?*

De tous les rayons, qui partis d'un objet un peu éloigné tombent sous des angles à-peu-près égaux sur l'étendue d'une des facettes, plusieurs parviennent à l'œil par le moyen des deux réfractions : ils forment un faisceau capable de peindre dans l'œil une image de l'objet, qui doit par conséquent paroître situé dans l'axe de ce faisceau. Or chacune de ces facettes étant différemment située l'une à l'égard de l'autre, elles doivent produire autant de faisceaux, dont les axes ont des positions déterminées par celles des facettes ; on doit donc voir autant d'images différentes & différemment situées, qu'il y a de facettes qui envoyent des rayons dans l'œil.

334. XXIV. *Pourquoi les objets paroissent-ils si gros par le moyen de la Lanterne Magique ?*

AC (Fig. 44) est un miroir sphérique-concave, B une forte lumiere posée un peu en-deçà du foyer, pour faire converger les rayons de lumiere réfléchis sur le miroir, DD une lentille de verre pour les faire converger davantage, aussi bien que ceux qui viennent directement du flambeau B ; EF est un objet peint de couleurs transparentes, sur un morceau de glace & dans une situation renversée. Les rayons qui traversent cet objet, tombent sur la lentille GH, qui les fait converger & former une image en K, où se trouve l'ouverture d'un diaphragme, qui arrête les rayons inutiles, & dont la réfraction est irréguliere. Les rayons s'étant croisés en K, rencontrent une lentille LM d'un foyer assez long, qui fait diverger extrêmement tous ces rayons, qu'on reçoit sur un plan blanc & uni, à la plus grande distance qu'il est possible, en ménageant la lumiere & la distinction dans l'image *f e* qui se peint droite sur ce plan. Or il est visible que pour produire tous ces effets, la lentille DD doit avoir son foyer en-deçà de B, la Lentille GH doit avoir un de ses foyers entr'elle & l'objet EF, le foyer de la lentille LM doit être au-delà de K vers GH.

335. XXV. *Pourquoi en regardant une bougie au travers d'un petit trou fait dans une plaque de métal, & rempli d'une goutte de liqueur transparente, & qui contient de petits animaux, voit-on quelquefois très-distinctement un de ces animaux extrêmement gros ?*

La surface intérieure de la goutte est à l'égard de l'animal qui y nage, comme un miroir sphérique concave. Si donc l'animal est entre le foyer & la surface intérieure opposée à l'œil, en sorte que les rayons partis de l'animal & réfléchis sur cette surface qui les renvoye du côté de l'œil, viennent à sortir de la boule parallèles entr'eux, l'œil qui les recevra verra l'image de la surface de l'animal qui est opposée à l'œil, & cette image sera d'autant plus grande, que l'animal sera plus près du foyer du miroir sphérique qui la forme.

TROISIEME PARTIE.
De la Perspective.

CHAPITRE PREMIER.

Notions & Principes généraux de la Perspective d'où l'on en déduit toute la Théorie.

336. Représenter sur un Tableau la perspective d'un objet, qu'on suppose ordinairement situé derriere le tableau par rapport à l'œil ; c'est marquer sur un Tableau chaque point, par où passeroit chaque rayon de lumiere qui part de chaque point visible de la surface de cet objet pour arriver jusques à l'œil : & le portrait d'un objet est parfait, lorsqu'on a appliqué sur chacun de ces points du Tableau, un point coloré de la même nuance que le rayon de lumiere qui y passe : l'art d'appliquer ainsi les couleurs s'appelle *la Perspective aérienne :* elle n'est pas du ressort des Mathématiques.

337. I. Principe. *Tout ce qui est représenté dans un Tableau doit être assujetti à un seul & même point de vûe.* Parce qu'un tableau représente l'instant d'une action qui se passe, laquelle par conséquent ne se peut voir que d'un seul coup d'œil.

338. II. Principe. *La Perspective d'un point quelconque est à l'endroit du tableau, où son plan est traversé par le rayon qui va de ce point à l'œil.*

339. III. Principe. *La Perspective d'une droite originale, laquelle étant prolongée ne passeroit pas par l'œil, est une droite qui est l'intersection du plan du Tableau avec le plan d'un Triangle*
rectiligne

rectiligne dont la droite originale feroit la bafe, & les deux rayons menés de fes deux extrémités jufques à l'œil, feroient les côtés.

340. IV. PRINCIPE. Pour concevoir la perfpective d'une figure plane, il faut concevoir que *tous les rayons tirés de tous les points de la furface vifible de cette figure jufques à l'œil, forment une Pyramide dont cette figure plane eft la bafe, & dont l'œil eft le fommet : Et la figure formée fur le Tableau par l'interfection de fon plan & de cette Pyramide, eft la perfpective de cette figure originale.*

341. COROLL. I. *La perfpective d'un Polygone ne peut être une figure femblable à fon original, à moins que le plan de ce Polygone ne foit parallele au plan du Tableau :* car les élémens d'une Pyramide ne peuvent être des figures femblables à fa bafe, à moins qu'ils ne foient déterminés par les interfections des plans paralleles à cette bafe.

342. COROLL. II. *La Perfpective d'un folide eft une figure plane compofée des perfpectives de chacune des faces du folide que l'œil peut voir à la fois.*

343. THEOREME I. *De quelque façon que le Tableau foit pofé, les perfpectives de tant de droites originales paralleles entre elles qu'on voudra, doivent tendre à concourir toutes au point (en dedans ou en dehors) du Tableau, où fon plan eft rencontré par une droite tirée de l'œil parallelement à ces droites originales.*

DEM. De quelque façon que deux ou plufieurs paralleles originales foient placées par rapport à l'œil, elles doivent (82) paroître tendre à concourir, donc leurs perfpectives doivent tendre à concourir. Or l'œil doit voir par un même rayon le point de concours des deux lignes originales & celui de leurs perfpectives, donc le point de concours des deux lignes de perfpective eft dans le point du Tableau, où fon plan eft traverfé par la droite qui va de l'œil au point de concours des deux lignes originales. Mais le point de concours apparent des deux lignes originales, étant infiniment éloigné de l'œil, la droite tirée de l'œil à ce point leur eft parallele, donc le point de concours des perfpectives des deux droites originales eft au point du

I

Tableau où fon plan (prolongé, s'il eft néceffaire) eft rencontré par une droite tirée de l'œil parallélement à ces droites originales.

344. Coroll. I. Si les deux droites originales font en même tems paralleles au plan du Tableau, la droite tirée de l'œil à leur point de concours apparent ne peut rencontrer le plan du Tableau, puifqu'alors elle lui eft parallele : Donc les perfpectives de ces lignes originales ne peuvent avoir un point de concours, donc elles doivent auffi être paralleles entr'elles. Ainfi *en fuppofant un Tableau pofé verticalement ou d'aplomb, les perfpectives de toutes les droites verticales originales, font des droites verticales : les perfpectives de toutes les droites horizontales ou de niveau & en même tems paralleles au plan du Tableau, font des droites pofées de niveau fur le Tableau.* Les perfpectives de toutes les droites originales paralleles au plan du Tableau & inclinées à l'horizon, font des paralleles inclinées à l'horizon de la même quantité dont leurs originales font inclinées.

345. Coroll. II. *Dans un Tableau vertical, les perfpectives de toutes les droites originales fituées de niveau, & en même tems perpendiculaires au plan du Tableau, doivent toutes concourir au point de vûe du Tableau :* Car le point du Tableau qu'on appelle *le point de vûe,* eft celui où aboutit la droite tirée de l'œil perpendiculairement au plan du Tableau, & par conféquent parallélement à ces droites originales.

346. Theoreme II. *Si une droite originale eft parallele au plan du Tableau & divifée en parties égales, fa perfpective fera auffi divifée en parties égales : Mais fi cette droite originale divifée en parties égales n'eft pas parallele au plan du Tableau, fa perfpective eft divifée en parties inégales.*

Dem. Soit (Fig. 45) AB la droite originale divifée en trois également aux points C, D, & parallele au plan du Tableau repréfenté par GH; foit O le lieu où l'œil doit être placé, la perfpective de la droite AB fera *ab*, & il eft clair que fi on tire OA, OC, OD, OB, les Triangles AOC, *aOc*; COD, *cOd*; DOB, *dOb*, font femblables (Elem. 510.) Donc les bafes AC, CD, DB étant égales, leurs homologues *ac*, *cd*, *db* le font auffi. Mais fi PQ repréfente la pofition du Tableau incliné à la droite AB, les Triangles *αOγ*, *γOδ*, *δOβ* ne font plus femblables à leurs correfpondans AOC, COD, DOB, donc les bafes, AC, CD, DB étant égales, les bafes *αγ*, *γδ*, *δβ* ne le font pas.

347. COROLL. I. À caufe des Triangles femblables, il eft clair que les parties de la perfpective d'une droite originale parallele au plan du Tableau & divifée en parties inégales, doivent auffi être inégales, mais proportionnelles aux parties homologues de la droite originale : & qu'ainfi la perfpective d'une figure dont le plan eft parallele à celui du Tableau, eft une figure femblable à l'originale.

348. COROLL. II. Dans un Tableau les lignes de perfpective paralleles entre elles font divifées en même raifon que leurs lignes originales : mais les lignes de perfpective qui tendent à un point de concours, ne font pas divifées en même raifon que leurs lignes originales : parce que dans ce dernier cas, les droites originales ne peuvent être paralleles au plan du Tableau.

349. THEOREME III. *La perfpective d'une même ligne originale eft toujours de même grandeur fur le Tableau quelle que foit fa fituation à l'égard de l'horizon, & fa diftance à l'œil, pourvû qu'elle foit toujours couchée fur un même plan parallele à celui du Tableau.*

Ceci doit s'entendre de tant de lignes originales égales qu'on voudra, fituées toutes dans un même plan parallele à celui du Tableau, ou d'un même Polygone placé en tel endroit qu'on voudra d'un même plan parallele à celui du Tableau.

DEM. Quoique ce Théorême foit une fuite évidente de ce qui a été dit aux n°. 341, 344 & 347, on en fentira peut-être mieux la vérité par le raifonnement fuivant. Concevez que la ligne originale donnée tournant fur une de fes extrémités fixe, forme par l'autre une circonférence de cercle, couchée fur un plan parallele à celui du Tableau, les rayons tirés de l'œil à tous les points de cette circonférence formeront une efpece de Pyramide conique, (on l'appelle un

Conoïde) coupée par le plan du Tableau parallelement à
sa base. Donc (341) la perspective de cette base sera aussi
un cercle sur le Tableau. Imaginez ensuite que tous les
diametres possibles de ce cercle original soient prolongés
indéfiniment de tous côtés, & que du centre on porte tout
le long de ces prolongemens la longueur du rayon du
cercle, on les aura divisés tous en parties égales, & on
pourra regarder chacune de ces parties égales comme autant de situations possibles de la ligne originale dans le
même plan. Mais (346) la perspective de toutes ces parties égales seroient aussi des droites toutes égales, donc la
perspective d'une même droite originale placée en tant
d'endroits qu'on voudra sur un même plan parallele à celui
du Tableau, est une droite constante ou de même longueur.

350. PROBLEME FONDAMENTAL. *Etant donnés de position, le plan d'un Tableau, le lieu de l'œil, & un point derriere
le Tableau, trouver sur le Tableau son point de Perspective.*

Pour résoudre ce Problême, il faut remarquer que la
position d'un point dans un espace absolu, ne peut être
déterminée que par ses distances à trois plans donnés de
position, & différemment situés entr'eux. La détermina-
tion de ce point se fait le plus commodément qu'il est possible, lorsque ces trois points sont perpendiculaires entr'eux ;
c'est ce qu'on pratique dans la perspective ; on y suppose
ordinairement un plan indéfini HR (Fig. 46) qui passe par
l'œil situé en O: ce plan est posé de niveau ou horizontalement, c'est pourquoi on l'appelle *le plan horizontal*. Son
principal usage est de servir à distinguer les objets *hauts*
de ceux qui sont *bas*, parce que tous les points qui sont
dans ce plan étant au niveau de l'œil, ne paroissent ni
hauts ni *bas* ; Ceux qui sont au-dessus de ce plan, paroissent
plus élevés que l'œil, & ceux qui sont au-dessous de ce
plan, paroissent plus bas que l'œil.

On suppose ensuite un autre plan indéfini VC, qui
passe aussi par l'œil O, & qui est posé verticalement ou
d'aplomb, il s'appelle *le plan vertical* : il sert à distinguer
les objets qu'on voit sur la gauche, de ceux qu'on voit sur

la droite, parce que tous ceux qui font dans ce plan, paroiſſent être vis-à-vis de l'œil : ce plan eſt perpendiculaire
au plan horizontal, puiſque l'un eſt de niveau & l'autre
d'aplomb.

Enfin, on ſuppoſe le plan TB du Tableau poſé à
quelque diſtance de l'œil, perpendiculairement au plan
vertical & au plan horizontal, de ſorte que ces trois plans
ſont perpendiculaires entr'eux.

L'interſection *br* du plan horizontal avec le plan du
Tableau, s'appelle *la ligne horizontale* du Tableau. L'interſection *ut* du plan vertical avec le plan du Tableau,
s'appelle *la ligne verticale* du Tableau. L'interſection *a* de
la ligne horizontale & de la ligne verticale, s'appelle *le
point de vûe* du Tableau : la partie O*a* de l'interſection des
plans horizontal & vertical, & qui meſure la diſtance de
l'œil au plan du Tableau, s'appelle *le Rayon principal*.

351. I. SOLUTION, PAR LE CALCUL. Soit D le point
donné, dont on demande le point de perſpective *d* ſur le
plan du Tableau TB. De ce point D abbaiſſez ſur le plan
horizontal HR une perpendiculaire DI, & ſur le plan
vertical VC, une perpendiculaire DS. Par le point I tirez
IA perpendiculaire au plan vertical, & par S menez SA
perpendiculaire au plan horizontal. Il eſt évident que DSAI
eſt un parallélogramme rectangle, dont le plan eſt perpendiculaire au plan vertical VC, & au plan horizontal HR,
& par conſéquent parallele au plan du Tableau TB. SA
ou DI meſurent la diſtance du point donné D au plan
horizontal, ou ſa hauteur au-deſſus du niveau de l'œil :
DS ou IA meſurent ſa diſtance au plan vertical, ou la
quantité dont l'objet eſt à gauche par rapport à l'œil : la
droite A*a* qui eſt une partie de l'interſection du plan vertical avec le plan horizontal, & qui eſt par conſéquent
perpendiculaire au plan du Tableau, meſure la diſtance
du plan du parallélogramme DSAI au plan du Tableau,
& par conſéquent la diſtance du point donné D au plan
du Tableau TB. Cela poſé, puiſque le point D eſt ſup-
poſé donné de poſition, les trois diſtances DI, DS, A*a*
ſont données de grandeur.

I iij

Tirez du lieu O de l'œil les droites OI, OD, OS, &
vous aurez une Pyramide Quadrangulaire ODSAI, qui
se trouvera coupée en *d s a i* par le plan du Tableau qui est
parallele à la base DSAI. Donc (340) le rectangle *d s a i*
est la perspective du Rectangle DSAI, & par conséquent
le point *d*, est la perspective du point donné D : Il est
clair aussi que le rectangle *d s a i* est semblable au rectangle
DSAI à cause de leur parallélisme qui les rend des élémens
semblables d'une même pyramide : Donc les côtés du
rectangle *d s a i* sont proportionels aux côtés homologues
du rectangle DSAI ; & à cause des Triangles semblables
O*a s*, OAS, on a OA : O*a* :: AS : *a s* : Donc OA est à O*a*,
comme un côté quelconque du rectangle DSAI, est au côté
homologue du rectangle *d s a i* : Donc (Elem. 686) on peut
conclure ces deux proportions OA ou O*a* + *a*A : O*a* :: AI
ou DS : *a i* ou *d s* ; & OA ou O*a* + *a*A : O*a* :: AS ou DI :
a s ou *d i* ; d'où on tire ces deux Regles ou Analogies,
qui donnent par le calcul la solution générale du Problême.

I.

*Comme le Rayon principal plus la distance de l'objet au plan du
　　Tableau,*
Est au Rayon principal ;
Ainsi la distance de l'objet au plan vertical,
*Est à la distance de son point de perspective à la Ligne verti-
　　cale du Tableau.*

I I.

*Comme le Rayon principal plus la distance de l'objet au plan
　　du Tableau,*
Est au Rayon principal ;
Ainsi la distance de l'objet au plan horizontal,
*Est à la distance de son point de perspective à la ligne horizon-
　　tale du Tableau.*

352. EXEMPLE. Supposant l'œil éloigné de 6 pieds ou
72 pouces du tableau, on y veut déterminer le point de

perspective d'un point original éloigné de 15 pieds ou 180 pouces du plan du tableau, élevé de 4 pieds ou 48 pouces au-dessus du niveau de l'œil , & placé sur la gauche à 7 pieds ou 84 pouces du plan vertical.

Soit (Fig. 49) LTAB le cadre du tableau donné que je supppose rectangulaire ; déterminez sur le tableau le point *a* vis-à-vis duquel vous voulez que l'œil soit placé, faites passer par ce point *a* (qui est alors *le point de vûe du tableau*) une droite *t u* perpendiculaire aux deux bords TA, LB (ou si le cadre du tableau n'étoit pas un rectangle, il faudroit tirer *t u* de sorte que le tableau étant placé dans la situation qu'on lui destine, lorsqu'il sera achevé, cette ligne *t u* soit verticale ou d'aplomb) ce sera la ligne verticale du tableau : & une droite *b r* perpendiculaire aux deux côtés TL, AB (ou si le cadre n'est pas rectangulaire, perpendiculaire à la ligne verticale *t u*,), ce sera la ligne horizontale du Tableau.

Faites ensuite ces deux proportions :

$$72 + 180 : 72 :: 48 : x$$
$$72 + 180 : 72 :: 84 : y$$

Ayant achevé les deux regles de trois, on a $x = 13,71$ ou 13 pouces 8 lignes $\frac{1}{2}$, c'est la distance du point *d* de perspective cherché au-dessus de la ligne horizontale *b r* du tableau ; & $y = 24$ pouces, c'est la distance de ce même point *d* à gauche de la ligne verticale *u t*.

Pour placer le point *d* sur le Tableau, on peut procéder de différentes manieres. Voici les plus commodes & les plus exactes.

353. I. Lorsque le cadre du tableau est rectangulaire, il faut prendre sur les côtés de ce cadre deux points E, *e* éloignés chacun des points *b*, *r*, de la ligne horizontale, de 13 pouces 8 lignes $\frac{1}{2}$, & tirer une droite occulte E*e* dans laquelle le point de perspective se doit trouver selon la premiere analogie. Il faut ensuite prendre sur les bords du tableau & à gauche de la ligne verticale, deux points K, *b* éloignés chacun de 24 pouces des points *t*, *u*, de la ligne

verticale, & mener la droite occulte K *b* dans laquelle le point de perspective doit se trouver selon la seconde analogie. Ce point est donc à l'intersection *d* des deux droites E*e*, K*b*.

Pour faciliter cette pratique, qui est la plus exacte dans les grands tableaux, on peut diviser les côtés & les bords du cadre en pouces, & si l'on veut en lignes, en commençant aux points *t*, *u*; *r*, *b*, & en allant de *t* vers L, puis de *t* vers B; & de même de *u* vers T, puis vers A; ensuite de *b* vers T, puis vers L; enfin de *r* vers A, puis vers B. Ces divisions serviront encore à tirer sur le tableau des perpendiculaires & des parallèles à l'horizon, ce qui est nécessaire à tout moment dans les différentes opérations qu'il faut faire pour mettre plusieurs objets en perspective.

354. II. Si le cadre n'est pas rectangulaire, prenez sur la ligne verticale *t u* un point S élevé de 13 pouces 8 lignes½ au-dessus du point de vûe *a*, & faites-y passer une perpendiculaire E*e* à la ligne verticale. Prenez ensuite sur la ligne horizontale un point *i* à gauche du point *a* de 24 pouces, & faites-y passer une perpendiculaire K*b*; l'intersection de ces deux perpendiculaires se fera au point *d* que l'on cherche. Cette pratique devient facile sur les petits tableaux par le moyen de deux équerres, qui évitent la peine de mener des perpendiculaires.

355. III. On peut encore déterminer le point *d* sans tirer aucune ligne & par le moyen de deux compas, en cette sorte. Ouvrez les deux compas l'un de la quantité précise dont le point de perspective doit être éloigné de la ligne verticale, l'autre de la quantité dont ce point doit être éloigné de la ligne horizontale. Placez une pointe du premier compas au point de vûe *a*, & avec l'autre pointe marquez sur la ligne horizontale un point *i*; placez une pointe du second compas en *a*, & avec l'autre marquez sur la ligne verticale un point *s*; tenant ensuite chaque compas à chaque main, placez une pointe du premier sur *i*, & une pointe du second sur *s*, faites concourir les deux autres pointes des compas en un même point sur le tableau, ce sera évidemment le point *d* que l'on cherche.

356. **II. Solution** purement **Graphique**. Soit TB
(Fig. 47 & 48) le plan du tableau, *ut* sa ligne verticale,
rb sa ligne horizontale, *a* le point de vûe, D un point
donné. Faites passer par le point D un plan de niveau KF,
parallele par conséquent à la ligne horizontale *rb*: soit XZ,
l'intersection de ce plan avec le plan vertical qu'il faut imaginer comme passant par la droite *ut* & par XZ; soit BY
l'intersection du plan KF avec le plan du tableau. Du point
D abaissez sur BY la perpendiculaire DE qui mesure la
distance de l'objet au plan du tableau; (le point E du
tableau, où elle aboutit, s'appelle *le point d'incidence :*)
tirez du point de vûe *a* au point d'incidence E la droite *a*E ;
portez la distance DE de l'objet au plan du tableau, sur
BY depuis le point E jusques en G : (on peut prendre
le point G indifféremment vers B ou vers Y) : & portez
depuis le point de vûe *a* sur la ligne horizontale *br*, le
rayon principal *a*O, de sorte que le point O soit dans une
situation opposée à celle du point G, c'est-à-dire, que
le point O doit être porté sur la droite du point de vûe *a*,
si le point G a été porté sur la gauche du point d'incidence
E, & réciproquement : tirez OG, & son intersection avec
*a*E donnera en *d* la perspective du point donné D.

    Dem. Par le point *d* menez LN parallele à la ligne ver-
ticale *ut*, & par conséquent perpendiculaire à la ligne
horizontale *br* & à BY ; les Triangles *d*GE, *da*O sont
semblables ; les droites *d*N, *d*L en sont les hauteurs, &
par conséquent (Elem. 578) elles en sont des dimensions
homologues : Donc O*a* : GE :: *d*L : *d*N, & (Elem. 304)
O*a* + GE : O*a* :: *d*L + *d*N ou *at* : *d*L. C'est la premiere Analogie de la solution précédente, puisque *at* est
la hauteur de l'œil au-dessus du niveau de l'objet, & par
conséquent la distance de l'objet au plan horizontal. Enfin
à cause des paralleles *d*L, *ut* coupées par *a*E, les triangles
*ad*L ou *asd*, & *at*E sont semblables, donc *at* : *as* ou
*d*L :: *t*E ou DS : *ds*. Mais on vient de voir que O*a* +
GE : O*a* :: *at* : *d*L ; donc O*a* + GE : O*a* :: DS : *ds*, &
c'est la seconde analogie de la premiere solution.

I v

357. REMARQUE. Il est évident que la construction de ce Problême est la même, soit qu'on suppose le plan du Tableau élevé perpendiculairement sur le plan KF, soit qu'on le suppose couché sur ce même plan, pourvû que la ligne BY représente celle où le tableau coupe le plan KF, & que la ligne verticale zu du tableau reste sur la ligne ZX de ce même plan KF : & c'est ainsi qu'on l'entendra dans les deux premieres méthodes du Chapitre suivant.

C'est de cette seconde solution que sont déduites la plûpart des pratiques que l'on enseigne dans les livres de Perspective : on va en expliquer ici les principales.

CHAPITRE II.

Description des principales Méthodes pour pratiquer la Perspective.

I. METHODE.

Pratique de la Perspective par le Treillis perspectif.

358. ON construit un quarré ABDE (Fig. 51) qui représente le champ original du Tableau, c'est-à-dire, tout l'espace de terrein, que les objets que l'on veut représenter, doivent occuper. On appelle aussi ce champ *le Plan Géométral*. On divise ce quarré en plusieurs autres quarrés les plus petits qu'il est possible, & ayant supposé que le bord inférieur du tableau VB, soit posé sur le côté BA du quarré AD, on tire sur le plan de ce tableau la ligne horizontale QO à la hauteur qu'on a jugée convenable, & la ligne verticale VI, selon que l'on a voulu placer le Spectateur vis-à-vis le milieu ou vers un des côtés du tableau, en sorte que le point S, est le point de vûe, SI est la hauteur de l'œil au-dessus du terrein. Par le point S on mene à toutes les divisions du côté BA les droites SB, SG, SI, SC, SM, SA; on porte le rayon principal, (qu'on a déterminé selon qu'on a jugé à propos d'éloigner l'œil du tableau) de part & d'autre du point S, sur la ligne horizontale, prolongée s'il est nécessaire, comme en O & en Q : par ces deux points on tire aux mêmes divisions du côté AB, des droites OB, OG, OI, OC, OM, puis QA, QM, QC, QI, QG, QB, & leurs intersections *e*, *k*, *l*, *n*, *r*; *d*, *t*, *p*, *f*, *h* avec les droites SA, SB, donnent les

points par lesquels il faut mener les droites *d e*, *t k*, *p l*, *f n*, *b r*, lesquelles font avec les droites *g* G, *i* I, *c* C, *m* M un assemblage de trapezes renfermés dans le trapeze B*d e*A, qui est la perspective du quarré BDEA & de tous ses petits quarrés. On appelle ce trapeze B*d e*A *le Treillis Perspectif.*

Pour démontrer que B*d e*A est la perspective du quarré BDEA; il est clair (356) que le point A est le point d'incidence du point E, & que la ligne AB est égale à la distance du point E au plan du tableau; donc l'intersection *e* des droites SA, OB est (356) la perspective du point E. De même le point d'incidence du point K est en A, & AG = AK, donc son point de perspective est en *k*, à l'intersection des droites SA, OG. Il en est de même de tous les autres points du quarré ABDE.

359. Scholie. Il est clair par la construction, que l'on pourroit décrire le Treillis perspectif *d*BA*e* indépendamment du point de vûe S, & par les points O & Q seulement: parce que les droites qui servent à faire ce Treillis font des diagonales des trapezes qu'on forme par les intersections des droites tirées de O & de Q aux divisions du côté AB du plan Géométral. Mais la construction du Treillis telle qu'on la donne ici est plus exacte, parce que les droites G*g*, I*i*, C*c* devant (345) tendre au point de vûe S, sont tirées bien plus exactement en se servant de ce point S, qu'en se servant des angles des trapezes.

Les droites *d*B, *g*G, *i*I, *c*C, &c. dont les divisions inégales représentent les divisions égales des droites BD, GR, IX, CY, &c. s'appellent *les Echelles fuyantes des longueurs*, parce qu'elles servent à *dégrader* les dimensions des objets à mesure que les parties de ces objets s'éloignent du plan du tableau: & les paralleles *b r*, *f n*, *p l*, &c. s'appellent *les échelles fuyantes des largeurs & des hauteurs*, parce qu'elles servent à *dégrader* les largeurs & les hauteurs des objets à mesure qu'ils s'éloignent du plan du tableau.

360. Usage du Treillis perspectif. Puisque le Treillis perspectif représente sur le tableau le terrein compris dans le quarré BDEA, il est clair que si on dessine

dans ce quarré le plan des objets qu'on veut mettre en perspective fur le tableau, en forte que les divisions de ce quarré fervent d'échelles à ce plan, il fera facile de mettre ce même plan en perspective. Comme fi je voulois mettre en perspective un quarré pofé fur le terrein obliquement par rapport au tableau, & dont les côtés fuffent de trois pieds chacun. Je deffinerois dans le quarré BAED (Fig. 52) dont les divifions feroient d'un pied chacune, ou repréfenteroient chacune un pied, le plan IMNO de ce quarré felon la fituation oblique donnée, & en faifant chaque côté égal à trois côtés de petits quarrés; enfuite je marque dans le Treillis perfpectif les points *i*, *m*, *n*, *o*, que je juge correfpondans aux points I, M, N, O, & placés dans les petits trapezes du treillis, correfpondans aux petits quarrés du plan géométral, en forte qu'ils y occupent des places homologues à celles que les points I, M, N, O occupent dans leurs quarrés. Ayant tiré *mi*, *io*, *on*, *nm*, j'ai le trapeze *ionm* qui eft la perfpective du quarré IONM, comme il eft évident.

361. Si on vouloit que le quarré IONM fût le plan de la bafe d'un cube à mettre en perfpective, il faudroit des points *i*, *m*, *n*, *o*, élever des perpendiculaires à l'horizon *i*F, *m*P, *n*Q, *o*H, & comme ce cube doit avoir en hauteur trois côtés de petits quarrés, je fais chacune de ces perpendiculaires égale à la largeur de trois trapezes prifes avec le compas à l'endroit du treillis où eft le pied de chacune, c'eft-à-dire, en mettant les pointes du compas parallélement à AB, ou à la même diftance de AB, que celle du pied de chaque perpendiculaire. Enfin je tire QP, PF, FH, HQ, & j'ai la perfpective du cube. Car les droites qui terminent les faces verticales du cube, font pofées verticalement fur le plan de la bafe, donc (344) les perfpectives de ces droites doivent être des droites verticales, ou paralleles à VK; & ces droites ayant originalement leur hauteur égale à trois côtés de quarrés, leur hauteur en perfpective eft égale (349) à trois travers de trapezes, pris dans le même plan (parallele à celui du

tableau) dans lequel chacune de ces hauteurs se trouve.

362. REMARQUES. I. Il est aisé de voir que dans ces opérations, le quarré ou plan géométral est censé derriere le tableau par rapport à l'œil ; & qu'ainsi il faut dessiner dans ce quarré vers BA ou du côté du treillis, les objets qu'on veut représenter sur le devant du tableau, & vers DE, ceux qui doivent paroître éloignés.

363. II. Lorsque sur une des faces planes d'un objet qu'on met en perspective, ou même sur deux ou plusieurs faces paralleles quelconques, il y a plusieurs droites paralleles entr'elles, telles que sont les moulures des ornemens d'Architecture, il faut pour abréger & pour opérer plus exactement, déterminer leur point de concours, (qu'on appelle alors leur *point accidental.*) Or lorsque ces paralleles sont en même tems des lignes de niveau, ce qui arrive presque toujours, leur point accidental est dans la ligne horizontale, de sorte qu'ayant la perspective d'une seule de ces paralleles, il suffit de la prolonger jusqu'à la ligne horizontale , & le point de rencontre est le point accidental de toutes les paralleles : car puisque l'on suppose que toutes ces lignes sont de niveau, le rayon tiré de l'œil parallelément à ces lignes est de niveau, & par conséquent couché sur le plan horizontal , donc il ne peut rencontrer le tableau que dans la ligne horizontale.

Ainsi ayant la position *nm* de la perspective de la droite originale NM, je la prolonge jusques en R , où est le point accidental de la perspective de la droite originale OI, & de celles des deux côtés de la base supérieure du cube qui sont paralleles à NM ou à OI. Il en est de même du point L , où doivent aboutir les perspectives des paralleles ON, IM & de leurs correspondantes dans la base supérieure du cube.

Mais si les paralleles originales n'étoient pas des droites de niveau , il faudroit avoir la perspective de deux d'entre-elles ; & les ayant prolongées du côté vers lequel ces perspectives s'inclinent, jusqu'à leur rencontre , ce point sera le point accidental de toutes les autres.

364. III. Pour remplir le vuide qui est sur les côtés du treillis perspectif, on peut prolonger les droites *de*, *tk*, *pl* &c. (Fig. 51) de part & d'autre jusques au bord du tableau, & ayant continué aussi de part & d'autre les divisions de la ligne *de*, du point de vûe S on tirera à toutes ces divisions des droites jusques au bord du tableau, elles formeront avec les prolongements de *kt*, *lp* &c. de nouveaux trapezes qui feront les perspectives de nouveaux petits quarrés, qu'on décrira si l'on veut à côté de ceux du grand quarré BAED, ce qui augmentera le champ du plan Géométral.

365. IV. Lorsqu'on se propose de faire un petit tableau, & que les objets que l'on y veut représenter doivent présenter leurs faces sous différentes obliquités, il est bon de se servir du treillis perspectif. Mais la pratique en seroit impossible dans les grands tableaux, sur-tout si on y devoit peindre un grand nombre d'objets éloignés les uns des autres, car on voit qu'on ne pourroit construire un assez grand quarré ou plan Géométral. Si cependant on en pouvoit faire un assez grand pour contenir tous ces objets en diminuant seulement toutes leurs dimensions de la moitié, du tiers, ou du quart; on pourroit les mettre en perspective sur un treillis, puis les copier sur le tableau en doublant, triplant, ou quadruplant toutes les lignes tracées sur ce treillis, & on aura une perspective d'autant plus exacte, qu'il aura fallu moins augmenter les dimensions prises sur le treillis.

366. V. On peut encore se passer des petits quarrés du plan géométral, lorsqu'on aura fait un devis exact de toutes les dimensions, positions, & distances de tous les objets qui doivent entrer dans le tableau. Car ayant divisé le bord inférieur du tableau en autant de parties égales qu'on aura voulu, dont chacune représentera un pouce, un pied, une toise, ou en général une des mesures sur lesquelles tout le devis aura été reglé, & qu'on appellera ici *un Module*, on fera un treillis sur ces divisions, & on regardera chaque trapeze comme un espace d'un pouce quarré, ou d'un

pied quarré, ou d'une toise quarrée, ou en général comme un module en quarré. On pourra donc arranger sur ce treillis tous ses objets selon le devis qu'on en aura fait.

II. MÉTHODE.

Pratique de la Perspective sans Treillis.

367. Dans cette méthode on suppose comme dans la précédente, que le plan EFGHI (Fig. 50) de la base de chaque objet original, c'est ici un Prisme Pentagonal, est dessiné dans toutes ses proportions, à la distance du bord du tableau selon laquelle on veut qu'il en paroisse éloigné.

Je tire sur le plan du tableau la ligne verticale VK, (Fig. 50), je la prolonge jusques au-dela du plan de l'objet original. Je tire la ligne horizontale SP, sur laquelle je prens SO égale au rayon principal, & cela de part & d'autre du point S. Je marque depuis un coin B du tableau sur son bord inférieur une ligne BC égale à la hauteur que doit avoir l'objet original, & du bout P de la ligne horizontale, je tire PC. Je cherche ensuite sur le tableau, la perspective du sommet de chaque angle du plan original, en suivant la construction expliquée ci-dessus (356). Par exemple, pour avoir celle du point E, je prends avec un compas la distance de ce point à la ligne verticale VK, je porte cette distance de K en D, & le point D est le point d'incidence du point E. Je prends la distance du point E au bord inférieur AB du tableau, je la porte de D en N à l'opposite du point O par rapport à D. Enfin je tire SD, ON, dont l'intersection *e* donne la perspective du point E.

Ayant trouvé de même la perspective de tous les autres angles de la base de l'objet, j'y éleve des perpendiculaires *e*T, *f*L, *g*M, &c. que je fais égales chacune à la ligne *e*τ, φλ, γμ, &c. qui se trouve comprise entre PC & PB, en

tirant

tirant des points *e*, *f*, *g* &c. des paralleles au bord inférieur AB du tableau. Le reste s'acheve & se démontre comme dans la méthode précédente.

368. On peut appliquer ici toutes les remarques de l'article précédent. On peut aussi faire un devis exact des dimensions, positions & distances de chaque point des objets originaux, faire ensuite sur ce devis une table de la distance de chacun des points de la base de ces objets à la ligne verticale & au bord inférieur du tableau, pour trouver, comme ci-dessus, les points D & N ; & une table des hauteurs de chaque partie de l'objet élevée au-dessus du plan de sa base, pour les déterminer comme on vient de le dire. La perspective en sera d'autant plus exacte, que le plan & l'élévation auront été dessinés plus exactement, quand même l'échelle sur laquelle on auroit construit ces plans, ne donneroit pas plus de 2 à 3 lignes de longueur pour chaque pied de Roi dans les dimensions de l'original.

III. MÉTHODE.

Pratique de la Perspective, par le Chassis Perspectif.

CEtte pratique renferme les deux précédentes, & a encore d'autres avantages qui la rendent préférable: Un des principaux est qu'on y opere par les angles aussi-bien que par les côtés des figures qu'on y décrit. Nous nous étendrons ici un peu plus que nous n'avons fait dans les méthodes précédentes.

Préparation du Chassis Perspectif.

369. Ayant choisi sur votre tableau le point S (Fig. 53) pour être le point de vûe, faites y passer la ligne horizontale HSQ que vous prolongerez de part & d'autre au-delà du plan du tableau le plus qu'il sera possible. Tirez la ligne verticale VT, sur laquelle prenez depuis le point de vûe S un point C, vers V ou vers T, tel que SC soit égale au

K

rayon principal. Du point C comme centre avec une ouverture de compas à volonté, (la plus grande est la meilleure)
décrivez un arc AB d'environ 60 ou 70 degrés, divisez-le
de degrés en degrés, ou pour le moins de dix en dix degrés,
en commençant au point A. Par C & par tous les points de
divisions tirez des rayons jusques à la ligne horizontale qui
se trouvera divisée d'un côté, portez les mêmes divisions
de l'autre côté du point S, afin qu'elle soit divisée dans toute
son étendue.

Pour abréger, on peut appliquer sur CA un rapporteur
tout divisé, & par le moyen d'un fil très-fin qui seroit atta-
ché au centre, on pourroit marquer tout de suite les divisions de la ligne horizontale.

370. Et parce qu'il est évident par la construction précédente, que ces divisions comptées depuis le point S sont
les tangentes des angles formés au point C, dont le rayon
ou sinus total est CS, il est clair qu'on trouvera beaucoup
plus exactement ces divisions, en faisant une échelle particuliere RD divisée en tant de parties égales qu'on voudra,
pourvû que 10 de ces parties soient précisément égales au
rayon principal, & qu'une de ces parties soit subdivisée en
10 autres petites parties, lesquelles pourront encore être
divisées par estime chacune en 10 parties, ce qui fera l'effet
d'une échelle divisée en milliemes parties du rayon principal. A l'aide de cette échelle & de la table des tangentes,
il sera aisé de marquer sur la ligne horizontale toutes les divisions nécessaires.

371. Sur le bord inférieur EF du tableau, marquez, en
partant d'un des côtés ou montans FG, & en allant vers
l'autre côté EK, tant de parties égales que vous voudrez,
lesquelles soient destinées à représenter les mesures ou *modules*
des dimensions des objets originaux. Depuis l'extrêmité P
de la ligne horizontale prise sur ce côté FG prenez hors du
tableau un point Q tel que PQ soit égale au rayon principal : par ce point Q & par toutes les divisions du bord FE
tirez des droites occultes, ou simplement appliquez successivement une regle, & leur intersection avec le montant FG

donnera autant de divisions, que vous coterez 1, 2, 3, 4
&c. Portez enfin ces mêmes divisions sur l'autre montant EK.

372. Enfin marquez sur le bord inférieur EF du tableau
en partant du point T, de part & d'autre des divisions
égales à celles qui auront servi à trouver les divisions du montant FG; cotez les 1, 2, 3, 4 &c. Et même pour une
plus grande commodité dans la pratique, marquez sur le bord
supérieur GK en partant du point V les mêmes divisions,
& quottées de la même maniere que celles du bord inférieur,
& vous aurez un chassis tout préparé.

Dans ce chassis, les divisions de la ligne horizontale servent à placer les perspectives des lignes de niveau posées
obliquement par rapport au plan vertical. Les divisions de
montans sont des *échelles fuiantes* des longueurs ou des éloignemens des objets au plan du tableau; & les divisions des
bords supérieurs & inférieurs sont des *Echelles de front*, c'est-
à-dire, des parties des objets qui sont paralleles au plan du
tableau.

373. Pour démontrer cette construction du chassis, il
faut imaginer 1°. que le centre C soit relevé au-dessus du
point de vûe S, en sorte que le plan du triangle rectangle
SCH soit perpendiculaire au plan du tableau. Il est clair
qu'alors le point C est le lieu où l'œil du spectateur doit être
placé, & que les degrés de l'arc AB dont le centre est dans
l'œil, sont propres à mesurer les angles d'obliquité des lignes
originales situées sur le plan horizontal, par rapport au plan
vertical, on peut donc marquer sur la ligne horizontale les
points où aboutissent tous les rayons tirés de l'œil à chacun
de ces degrés. 2°. Imaginant de même que PQ soit relevée
perpendiculairement sur le plan du tableau, en sorte que
l'angle SPQ soit droit; qu'en même temps la droite FE soit
relevée perpendiculairement au même plan du tableau,
mais du côté opposé à l'œil, & qu'ainsi le plan de toutes les
droites tirées de Q aux divisions de FE soit perpendiculaire
au plan du tableau, FG étant l'intersection commune de
ces deux plans; il est clair que les divisions de FE marquent
alors des éloignemens ou distances au plan du tableau.

mesurées sur le terrein. Par exemple, FN marque un module de distance au-delà du tableau : or je dis que F1 est sa perspective. Car les triangles rectangles semblables QP1, FN1 donnent PQ : FN :: P1 : F1. Donc PQ + FN : PQ :: P1 + F1 ou PF : P1 ; & comme cette analogie est la premiere de la solution générale (351), il suit que le point 1 est la perspective du point N. Il en est de même des autres divisions.

374. COROLL. Delà on voit que si on ne pouvoit prolonger facilement le plan du tableau pour avoir assez de divisions sur les montans, on pourroit trouver ces divisions par un calcul aisé, & c'est le parti qu'il faut prendre lorsque l'on a un grand tableau à tracer ; en voici un exemple :

Soit le rayon principal SC de dix pieds ou en général de 10 modules : soit la hauteur de l'œil au-dessus du plan du terrein de 6 modules, pour avoir toutes les distances P1, P2, P3 &c. en supposant que l'intervalle des ces divisions doive être d'un de ces modules, on aura ces proportions :

$$
\text{Comme}
\begin{cases}
10 + 1 \\
10 + 2 \\
10 + 3 \\
10 + 4 \\
10 + 5 \\
10 + 6 \\
10 + 7 \\
10 + 8 \\
10 + 9 \\
10 + 10 \\
10 + 11 \;\&c.
\end{cases}
\text{font à 10 : ainsi 6 font à}
\begin{cases}
5,45 = P\,1 \\
5,00 = P\,2 \\
4,61 = P\,3 \\
4,29 = P\,4 \\
4,00 = P\,5 \\
3,75 = P\,6 \\
3,53 = P\,7 \\
3,33 = P\,8 \\
3,16 = P\,9 \\
3,00 = P\,10 \\
2,86 = P\,11 \;\&c.
\end{cases}
$$

De sorte que par le moyen d'une échelle divisée en parties décimales dont la distance de la ligne horizontale au bord inférieur du tableau contiendra 6,00 dans cet exemple, il sera très-facile de marquer exactement sur les montans du tableau toutes les divisions dont on aura besoin.

375. Voici encore une autre maniere de diviser les

montans, qui feroit, par fa briéveté & par fa facilité, préférable aux deux précédentes, fi elle n'exigeoit beaucoup
plus de foin pour éviter les erreurs : elle eft très-bonne lorfque les divifions des montans doivent exprimer de grands
modules, comme quand on n'a pas beaucoup de petites parties à mettre en perfpective, mais feulement quelques points
principaux, pour guider la main dans des *croquis* ou def-
feins faits à la hâte d'après nature.

Portez un de vos modules fur le bord inférieur du tableau
de F en N (Fig. 54). Portez le rayon principal de P en Q
du même côté que N ; tirez PN & QF. Par le point a de
leur interfection abaiffez fur PF la perpendiculaire $a1$.
Menez $Q1$, & de fon interfection b avec PN menez fur PF
la perpendiculaire $b2$. Menez $Q2$, & de fon interfection C
avec PN abaiffez fur PF la perpendiculaire $c3$: & ainfi
de fuite pour autant de divifions dont vous aurez befoin.

376. Dem. A caufe des paralleles QP, NF, les trian-
gles QPa, NFa font femblables ; donc PQ : FN :: Pa : aN.
Donc PQ + FN : PQ :: Pa + aN ou PN : Pa. Mais les
triangles rectangles PNF, Pa1 font auffi femblables ; donc
PN : Pa :: PF : P1. Donc enfin PQ + FN : PQ :: PF :
P1, ce qui eft l'analogie néceffaire pour faire ces divifions.

Remarques fur la ligne horizontale du Tableau.

377. Si on fuppofe qu'un fpectateur ait placé fon œil à
l'égard du tableau, comme il le doit être pour confidérer la
perfpective lorfqu'elle fera achevée, & qu'il regarde au travers de ce tableau (qu'on fuppofe tranfparent comme une
glace) tout ce que le cadre du tableau lui permet de voir,
dans un terrein indéfini, libre, uni & de niveau comme
une vafte plaine, il eft évident qu'il doit voir le terrein
terminé par une ligne de niveau, qui eft confondue dans
la circonférence d'un cercle qui paroît féparer le ciel de
la terre, & dont l'œil eft le centre (on appelle ce cercle
l'horizon célefte). Or la perfpective de la portion vifible de
ce cercle doit être une ligne droite. Car puifque ce cercle

ou horizon a son centre dans l'œil , les rayons qui vont de l'œil à tous les points de sa circonférence visible forment un plan , leur intersection avec le plan du tableau , est donc l'intersection de deux plans , laquelle ne peut être (Elem. 629.) qu'une ligne droite ; & il est évident que c'est la ligne horizontale du tableau qui est la perspective de cette portion visible de l'horizon céleste , & que les divisions de la ligne horizontale , sont les perspectives des dégrés de ce cercle.

378. De ce que l'œil est le centre de l'horizon céleste , il suit que si deux droites originales placées sur un plan de niveau qui passe par l'œil du spectateur , sont inclinées l'une à l'autre, de sorte que l'angle de leur inclinaison soit dans l'œil même, les degrés de l'horizon céleste , & par conséquent les divisions de la ligne horizontale du tableau , sont propres à mesurer cet angle , & à réprésenter l'inclinaison de ces deux droites.

Puisque (83) tous les plans paralleles entr'eux paroissent se réunir à une distance infinie de l'œil, le plan du terrein, & en général tout plan de niveau , paroît s'incliner vers le plan horizontal qui passe par l'œil, pour se confondre avec lui dans la circonférence de l'horizon céleste ; il suit que *la ligne horizontale du tableau est la ligne où se rencontrent toutes les perspectives de tous les plans de niveau.*

Tous les plans de niveau sur lesquels sont posées les parties des objets propres à être dessinés, sont à une distance finie les unes des autres , tandis que la circonférence de l'horizon céleste est à une distance infinie de l'œil : l'intervalle entre ces plans est donc infiniment petit à l'égard de la distance de l'œil au lieu où ils paroissent se reunir : donc tous les plans de niveau qui passent à une distance finie au-dessus ou au-dessous de l'œil, sont par rapport à la circonférence de l'horizon céleste, & par conséquent par rapport à la ligne horizontale du tableau, comme un seul & même plan couché sur celui de l'horizon céleste , ou confondu avec le plan horizontal qui passe par l'œil : la perpendiculaire ou verticale tirée de l'œil sur tous ces plans de niveau,

& qui mesure leur intervalle réel, est comme un point confondu avec le centre de cet horizon.

Ainsi un angle quelconque formé par deux droites posées sur un plan de niveau, se trouvant situé dans la verticale qui passe par l'œil, est à l'égard de la circonférence de l'horizon céleste, ou de la ligne horizontale du tableau, comme s'il étoit dans l'œil même, & par conséquent les divisions de la ligne horizontale sont encore propres à le mesurer, & à en donner la perspective.

Enfin les différens objets à la portée de l'œil, & destinés à être dessinés sur un tableau, sont à une distance finie les uns des autres & par rapport à l'œil, tandis que la circonférence de l'horizon céleste en est à une distance infinie : donc tous les points qui forment les parties de ces objets, doivent être censés infiniment proches les uns des autres & de l'œil, & par conséquent tous les angles que font entr'elles, sur des plans de niveau, les droites qui terminent les faces & les côtés des objets, doivent être censés au centre de l'horizon céleste, & mesurables par les divisions de la ligne horizontale.

379. D'où il suit I°. que *les divisions de la ligne horizontale du tableau, sont propres à mesurer & à représenter en perspective tous les angles qui sont dans un plan de niveau quelconque.*

380. II°. Que *pour mettre en perspective un angle original quelconque, il faut chercher sur le tableau le point de perspective du sommet* (on va l'enseigner n°. 389) *& tirer de ce point deux droites qui aboutissent aux divisions propres à marquer les degrés de cet angle, ou qui aboutissent aux mêmes divisions de la ligne horizontale, auxquels eussent abouti deux rayons tirés de l'œil parallélement à chaque côté de cet angle.*

381. III°. Que *si de tant de points* C, D, E, *qu'on voudra* (Fig. 55.) *pris sur le champ du tableau, on tire deux droites à deux mêmes divisions* A, B, *de la ligne horizontale, les angles* ACB, ADB, AEB *seront les perspectives d'angles originaux égaux entre eux, & dont le nombre des degrés qui les mesure, est égal à celui des divisions comprises entre* A & B. *C'est* 30 *degrés dans cette figure.* En effet puisque BC, BD, BE aboutissent

à un même point accidental B, elles sont (363) les perspectives de trois paralleles : de même les droites AC, AD, AE sont les perspectives de trois paralleles ; or trois paralleles rencontrant trois autres paralleles, elles leur doivent être également inclinées, & par conséquent former avec elles des angles égaux.

382. Il suit enfin qu'une droite, comme DA ou EA, tirée sur le tableau d'un de ses points quelconques D ou E, & aboutissante à un point A de la ligne horizontale, est la perspective d'une ligne originale couchée sur un plan de niveau & inclinée au plan vertical du côté où est le point A, & d'une quantité exprimée par le nombre qui marque le degré où est le point A : par exemple, DA ou EA sont les perspectives de deux droites de niveau, qui déclinent de 10 degrés à droite du plan vertical.

Problêmes sur la pratique de la Perspective par le Chassis.

383. **Probleme I.** *D'un point donné C (Fig. 55.) sur un tableau, mener une droite perspectivement parallele à une droite donnée en perspective comme DF.* On suppose ces droites dans des plans de niveau.

Solution. Prolongez DF jusqu'à ce qu'elle rencontre la ligne horizontale en quelque point B, & joignez CB.

384. **Probleme II.** *Faire à l'extrêmité D (Fig. 55.) d'une droite donnée en perspective DF, & posée originalement sur un plan de niveau, un angle dans le même plan de tant de degrés qu'on voudra.*

Solution. Prolongez DF jusqu'à la rencontre de la ligne horizontale en un point quelconque B, depuis lequel comptez sur les divisions le nombre de degrés demandés du côté où l'angle doit être, comme de B en A, & tirez DA.

385. **Remarque I.** Si l'angle demandé eût été, par exemple, de 60 ou 80 degrés, on l'auroit fait de même en prenant le point A à 60 ou à 80 degrés du point B, c'est-à-dire, 20 ou 40 degrés au-delà du point de vûe S.

386. **II.** S'il eût fallu faire l'angle vers la droite du point B, & si les divisions de la ligne horizontale qui sont au-

delà de B n'eussent pas été suffisantes, on auroit pris depuis B vers la gauche un nombre de degrés égal au supplément de l'angle donné, comme depuis B jusques en A; & par les points A & D, on auroit tiré DR, qui eût fait l'angle perspectif BDR de la quantité & du côté demandés.

387. **Probleme III.** *D'un point D (Fig. 56) donné sur une droite CE mise en perspective, y élever perspectivement une perpendiculaire.*

Solution. Ce problême revient au précédent. Ayant prolongé CE jusques à la ligne horizontale en B, il faut prendre un point A tel qu'il y ait 90° depuis B sur les divisions, & tirer AD.

388. **Probleme IV.** *D'un point donné sur un tableau, mener perspectivement une perpendiculaire à une droite donnée.*

Solution. Soit CE (Fig. 56.) la droite donnée, & F le point donné. Ayant prolongé CE jusqu'à la ligne horizontale en B, prenez un point A éloigné de 90° du point B; par A & par le point F faites passer la droite AD qui sera la perpendiculaire cherchée.

389. **Probleme V.** *Etant données la distance d'un point original placé sur le terrein au plan du tableau, & sa distance au plan vertical, trouver son point de perspective.*

Solution. Tirez une ligne occulte par les divisions du montant qui marquent la distance au plan du tableau, & une autre du point de vûe au point de la division de la base ou bord inférieur du tableau qui marque la distance du point original au plan vertical : l'intersection de ces deux occultes donnera le point de perspective cherché. Par exemple, si la distance au plan du tableau étoit de 4 modules, & au plan vertical de 3 modules à gauche, le point de perspective seroit en G.

390. **Remarque.** Si le point donné n'étoit pas sur le terrein, mais élevé au-dessus, ou enfoncé au-dessous, comme dans un fossé, il faudroit imaginer une droite tirée de ce point original perpendiculairement sur le terrein, laquelle mesure alors la hauteur ou l'abbaissement de ce point à l'égard du terrein, & comme cette perpendiculaire

est en même temps parallele au plan du tableau, & au plan vertical, le point du terrein auquel cette perpendiculaire aboutit, est à la même distance à l'égard de ces deux plans, que le point original. Il faut donc comme ci-dessus déterminer sur le tableau la perspective du point du terrein où la perpendiculaire aboutit, & y ayant fait passer une droite parallele à la ligne verticale, il faut en déterminer perspectivement la longueur, selon la distance du point original au plan du Terrein, ce qu'on enseignera dans le problême suivant; & l'extrêmité de cette perpendiculaire sera la perspective du point original donné.

391. **PROBLEME VI.** *Mettre en perspective une droite originale donnée de grandeur & de position.*

SOLUTION. Soit la longueur de la ligne donnée de 2 modules. Qu'une de ses extrêmités G (fig. 56.) doive être éloignée du plan vertical de 3 modules, & du plan du tableau de 4. Je cherche par le problême précédent la perspective G de ce point : mais pour trouver celle de l'autre extrêmité, il y a trois cas.

392. I. CAS. *Lorsque la ligne originale est parallele au plan vertical.* Supposons que son extrêmité G doive être la plus proche du tableau ; puisque la ligne a 2 modules de longueur, l'autre extrêmité doit être éloignée du plan du tableau de 6 modules. Je tire du point G au point de vûe une droite GS, & par les points 6,6 du montant, je mene la ligne occulte 6I6. L'intersection I donne l'autre extrêmité cherchée.

Mais si le point G eût dû être l'extrêmité la plus éloignée du tableau, j'eusse ôté 2 de 4, & par les points 2, 2 des montans, j'eusse mené une ligne occulte qui eût donné sur S 3 le point cherché.

393. II. CAS. *Lorsque la ligne originale e*st *parallele au plan du tableau.* Alors ou elle a son extrêmité G la plus proche du plan vertical, ou cette extrêmité en est la plus éloignée : dans ce dernier cas, il est clair que l'autre extrêmité n'est éloignée du plan vertical que de 1 module. Du point de vûe S, je mene une occulte à la division 1 du bord inférieur

du tableau , & son interfection K avec la parallele à la ligne horizontale qui paffe par le point G , donne l'autre extrêmité demandée.

Mais fi l'extrêmité G eût dû être la plus proche du plan vertical , j'euffe eu 5 modules de diftance de l'autre extrêmité au plan vertical , & j'euffe tiré du point de vûe S , une occulte à la divifion 5.

394. III. CAS. *Lorfque la ligne originale eft oblique au plan vertical & au plan du tableau.* Comme fi on vouloit qu'elle déclinât de 20 degrés à droite du plan vertical.

Par le point G je tire une droite au 20e degré de la ligne horizontale à droite du point de vûe ; de ce même point G & du même côté à droite vers lequel la ligne originale décline, je tire GK parallele à la ligne horizontale, je la fais (393) perfpectivement égale à la droite originale, c'eft-à-dire, de 2 modules : de fon extrêmité K je tire une droite KQ qui puiffe couper la ligne GL qui va de G au 20e degré, du côté où doit être l'extrêmité cherchée , & qui aboutiffe en même temps au degré de la ligne horizontale où eft marquée la moitié du complément de l'angle dont la ligne originale eft oblique par rapport au plan vertical, (c'eft ici 35° qui eft la moitié de 70° complément de 20°) L'interfection de KQ avec GL , donnera en L la perfpective de l'extrêmité de la ligne demandée. Car en faifant attention à cette opération , on voit qu'on a mis en perfpective un triangle original ifofcele GKL , dont les côtés perfpectivement égaux font GK & GL.

395. REMARQUE. En conftruifant fur un plan à part, ou en calculant par la Trigonométrie, un triangle rectangle dont la droite originale feroit l'hypoténufe , & un des angles feroit égal à fon obliquité à l'égard du plan vertical, on trouveroit par la valeur du côté oppofé à cet angle, de combien l'autre extrêmité de la ligne originale donnée , eft plus ou moins éloignée du plan vertical que n'eft le point G : du point de vûe S ayant tiré par G la droite SM, on prendroit fur les divifions du bord inférieur du tableau la quantité MP dont l'extrêmité L de la ligne cherchée eft

originalement plus près ou plus loin du plan vertical, & ayant tiré au point de vûe la droite PS, son interfection avec GH donnera en L le point cherché.

396. Probleme VII. *Divifer une ligne donnée en perfpective en tant de parties égales qu'on voudra.*

Solution. Soit PQ (Fig. 57.) la ligne donnée, qu'il faut divifer en quatre parties égales. Par un point S quelconque pris fur la ligne horizontale, tirez par les extrêmités P, Q deux droites SD, ST jufques à la ligne du bord inférieur du tableau. Divifez l'intervalle DT en parties égales DM, ML, LG, GT, & tirez SM, SL, SG & la ligne donnée fe trouvera divifée en parties égales, dans les points *m, l, g.* Car il eft évident qu'elle fe trouve interceptée entre des paralleles originales SD, SM, SL, SG, ST (383) & que ces paralleles font également éloignées entr'elles, puifqu'elles coupent FD en parties égales. Donc elles coupent auffi PQ en parties perfpectivement égales.

397. Remarque I. Pour plus d'exactitude, il faut choifir le point S de forte, que fes deux diftances aux extrêmités de la ligne PQ donnée, foient les plus égales qu'il eft poffible.

398. Remarque II. S'il falloit divifer PQ en parties inégales entr'elles, mais déterminées felon un devis; on diviferoit TD en parties proportionnelles à celles du devis, ce qui fe peut faire aifément par le compas de proportion, & tirant du point S des lignes à ces divifions, elles couperont PQ aux points cherchés.

399. Probleme VIII. *D'un point donné A (Fig. 57) fur le terrein, tirer la perfpective AK d'une droite qui faffe originalement avec le plan vertical un angle trop grand pour pouvoir être marqué fur la ligne horizontale.*

Du point donné A je tire du côté où j'ai la place fuffifante, une droite AH parallele à la ligne horizontale, je la fais perfpectivement égale au rayon principal. Je prends fur les divifions de la ligne horizontale une droite OZ depuis le point de vûe O jufques au point Z qui marque un degré égal au complément de l'angle donné : je vois fur les divifions du bord inférieur de combien de modules est cette droite OZ, je tire OH, sur laquelle je prends HK perspectivement égale à ce nombre de modules. La droite AK sera la direction de la perspective demandée.

Car AH étant égale au rayon principal, & l'angle AHO étant perspectivement droit, il est clair que HK est perspectivement la tangente de l'angle HAK, complément de l'angle donné. Donc AK est la direction cherchée.

400. REMARQUE. Si on vouloit que la droite demandée fût en même temps d'une longueur donnée, il faudroit prendre sur AH un point N tel que AN fût perspectivement égale à la droite demandée, & mener NC au degré de la ligne horizontale qui est la moitié du complément de l'angle donné (394). Ce qui donnera AV.

401. SCHOLIE. Il résulte de tous les problêmes précédens, qu'on peut mettre sur le chassis le plan perspectif d'un objet sur le devis de ses angles & de ses côtés. L'exécution en sera plus prompte & plus commode, souvent même plus exacte, en y employant les positions & les longueurs de différentes diagonales qu'on imagine sur le plan original. Le calcul en est très-facile dans les polygones réguliers. C'est sur quoi il faut beaucoup s'exercer.

402. PROBLEME IX. *Mettre en perspective des droites perpendiculaires au plan horizontal :* ou ce qui est le même, *mettre en perspective les lignes de hauteur.*

I. SOLUTION. On peut résoudre ce problême par ce qui a été enseigné ci-dessus n°. 357.

403. II. SOLUTION. Qu'il faille élever du point Q (Fig. 57) une perpendiculaire à l'horizon, haute de 6 modules $\frac{1}{2}$. Par le point de vûe O, ou même par un point quelconque pris dans la ligne horizontale, & par le point Q tirez une droite OF, jusques au bord inférieur du tableau en F. Elevez au point F une perpendiculaire FE à ce bord inférieur, faites-la de six modules $\frac{1}{2}$ pris sur les divisions de ce bord, & portés de F en E, tirez OE, & son intersection avec une perpendiculaire QI à la ligne horizontale tirée du point Q, donnera en I le sommet de la ligne cherchée.

Car il eſt évident (381) que OF & OE ſont les perſpectives de deux lignes de niveau paralleles entr'elles, & que
par conféquent les droites FE, QI qu'elles interceptent
ſont originalement égales entr'elles.

404. III. Solution. Il eſt clair que la diſtance de la
ligne horizontale à la perſpective d'un point original placé
ſur le terrein, contient toujours autant de modules qu'on
en a ſuppoſés dans la hauteur de l'œil au-deſſus du terrein.
Par exemple, ſi on a tiré la ligne horizontale à cinq modules de diſtance du bord inférieur pris ſur les diviſions de
ce bord, ce qui ſuppoſe que l'œil eſt élevé de 5 modules
au-deſſus du terrein, la diſtance du point Q à la ligne horizontale eſt de 5 modules perſpectifs ; regardant donc QR
comme ayant cinq modules, on pourra prendre deſſus un
point I qui ſoit éloigné du point Q de $6\frac{1}{2}$ des cinq parties égales qu'on trouve dans QR. Ceci s'exécute facilement à l'aide du compas de proportion.

405. Probleme X. *Diviſer les lignes perſpectives des
hauteurs en parties égales ou inégales dans un rapport donné.*

Solution. Les lignes perſpectives des hauteurs étant
paralleles au plan du tableau , elles ſe diviſent en parties
égales ou inégales dans le rapport donné, & cela ou par
le compas de proportion, ou en marquant ſur FE (Fig. 57)
les modules du devis pris ſur les diviſions du bord inférieur
du tableau, & en tirant du point O des droites aux diviſions
de FE, & elles diviſeront QI dans le même rapport.

406. Probleme XI. *Déterminer ſur le tableau le point accidental des paralleles qui ſont inclinées à l'horizon, & données
de poſition.*

Solution. Puiſque les paralleles ſont données de poſition, ayant imaginé des plans verticaux ſur leſquels chacune de ces paralleles eſt tirée, il eſt clair que ces plans verticaux ſont auſſi paralleles entr'eux, & qu'on ſçait la poſition qu'ils ont à l'égard du plan vertical du tableau. Or, ou
ils ſont paralleles à ce plan vertical, où ils ſont poſés obliquement à ſon égard d'une quantité donnée.

407. I. Si ces plans verticaux ſont paralleles au plan ver-

tical du tableau, le point accidental cherché est dans la ligne verticale du tableau, au-dessus ou au dessous du point de vûe, d'une quantité égale au nombre des degrés du complément de l'inclinaison de ces paralleles à l'égard de l'horizon, pris depuis le point de vûe sur les divisions de la ligne horizontale : le point accidental est au-dessus du point de vûe, si l'inclinaison de ces lignes écarte leur sommet du plan du tableau, & au-dessous si elle l'en rapproche.

408. Qu'on veuille, par exemple, mettre en perspective un parallélopipede rectangle dont les faces soient inclinées à l'horizon de 39°, & appuyé parallélement au plan vertical, contre un plan perpendiculaire à l'horizon ; comme si c'étoit une solive (voyez fig. 60) appuyée contre un mur situé parallélement au plan du tableau. Alors il est clair 1°. que les côtés qui terminent les faces du parallélopipede sont des paralleles inclinées à l'horizon de 39°, & que les plans verticaux dans lesquels on suppose ces côtés, sont paralleles au plan vertical du tableau. 2°. Que les plans des bases du parallélopipede sont aussi inclinés à l'horizon d'une quantité égale à 51° complément de 39°, à cause des angles droits qui sont aux angles solides du parallélopipede : 3°. que parmi les huit lignes qui terminent les deux bases, il y en a quatre paralleles à l'horizon (mis ici en perspective ab, dc, AB, DC) sçavoir, celle qui est couchée sur le terrein & sa parallele (AB, DC:) & celle qui est appuyée sur le mur & sa parallele (ab, dc): & les quatre autres (ad, bc; AD, BC) sont inclinées à l'horizon de 39°. D'où l'on voit qu'il faut trouver dans la ligne verticale deux points accidentaux, l'un T au-dessus du point de vûe, pour les droites (Aa, Bb, Cc, Dd) qui terminent les faces, & dont l'inclinaison écarte leur sommet du plan du tableau, & l'autre P au-dessous du point de vûe S, pour celles (AD, BC, ad, bc) qui terminent les bases, & dont l'inclinaison les rapproche du plan du tableau. Il faut donc prendre sur les divisions de la ligne horizontale une droite égale au complément de 51°, c'est-à-dire, à la tangente de 39°, & la porter de S en T, & une ligne égale au complément de 39°, & la porter

de S en P; la figure fait entendre le reste.

409. II. Si ces paralleles données font dans des plans verticaux qui faffent un angle avec le plan vertical du tableau : comme fi on fuppofoit que le parallélopipede de l'exemple précédent dût être appuyé fur un plan qui fît avec le plan vertical un angle de 30°, ou ce qui eft le même, qui eût une obliquité de 60° à l'égard du plan du tableau, alors il faudroit trois points accidentaux, l'un en T (fig. 59) pour les côtés qui terminent les faces, l'autre en Q pour les côtés de la bafe qui font appuyés l'un fur le terrein, l'autre fur le mur, & pour leurs paralleles; & le troifieme en P, pour les côtés de la bafe qui ne touchent le terrein ou le mur que par une de leurs extrêmités, & pour leurs paralleles.

410. Il n'y a aucune difficulté pour le point accidenta Q des lignes qui font couchées fur le terrein, il doit toujours être dans la ligne horizontale, au point qui marque leur obliquité à l'égard du plan vertical. Mais pour trouver chacun des deux autres, par exemple T, voici la méthode.

411. Prenez fur la ligne horizontale VQ la tangente VE du complément de l'inclinaifon des faces à l'horizon. Portez-la de O en F fur une perpendiculaire élevée du point de 45°. Joignez VF qui coupera en R la perpendiculaire DT élevée du point D où eft marqué le complément de la déclinaifon des faces à l'égard du plan vertical; portez OF de D en K, joignez KR, faites DT=KR, & le point accidental cherché fera en T. On trouve de même le point P.

412. Pour démontrer cette pratique, il faut concevoir qu'une droite inclinée à l'horizon de 39 degrés, par exemple, étant prolongée à l'infini, iroit aboutir dans le ciel en un point élevé de 39° au-deffus de l'horizon, ou fi on veut, elle iroit aboutir dans la circonférence d'un petit cercle de la fphere célefte, parallele au cercle de l'horizon, & éloigné par-tout de 39°. (On appelle en Aftronomie ces fortes de paralleles à l'horizon des *Almicantarats*, c'eft un mot Arabe.) Or puifque (377) la ligne horizontale du tableau eft la perfpective de l'horizon célefte, *la perfpective d'un*

almicantarat

almicantarat est une hyperbole, dont le sommet est dans la ligne verticale, le demi-axe principal est égal à la tangente de la hauteur de ce cercle au-dessus de l'horizon, (c'est-à-dire, il est égal à la partie de la ligne horizontale, comprise depuis le point de vûe, jusques à la division qui marque le nombre des degrés de la hauteur), *& le second demi-axe est le rayon principal.*

413. Car un cercle céleste parallele à l'horizon est la base d'un cone optique dont le sommet est dans l'œil, & la base du cone opposé est un almicantarat également abbaissé au-dessous de l'horizon. Que A (fig. 58) soit le lieu de l'œil, que ABH représente le plan de l'horizon céleste confondu avec le terrein ou plan géométral à une distance infinie du point A, que PT représente le plan du tableau, MEG l'almicantarat élevé au-dessus de l'horizon de la quantité mesurée par l'angle HAE, & KNI l'almicantarat au-dessous de l'horizon, il est clair que les deux cones opposés étant coupés par le plan du tableau PT, parallélement à leur axe CL, les sections mSM, Nsn sont deux hyperboles, dont le point de vûe B du tableau est le centre, & AD ou SB est le demi-axe principal. Et pour faire voir que AB est le demi-axe conjugué, soit AD ou SB $= a$, soit SD, PC, ou AB $= b$ (c'est le rayon principal). Soit AC ou BP $= x$: Donc SP $= x - a$. Soit PM $= y$. Dans les triangles rectangles semblables ASD, SPE, on a AD : SD :: SP : EP. Donc EP $= \dfrac{bx - ab}{a}$, & EC $=$ EP $+$ PC $= \dfrac{bx}{a}$: de même PG $=$ PC $+$ CG $= \dfrac{bx + ab}{a}$: Or à cause du cercle EMG, on a (Elem. 565) PM$^2 =$ PE$\times$PG : donc $yy = \dfrac{bbxx}{aa} - bb$. C'est (Elem. 840) l'équation à l'hyperbole dont a & b sont les deux demi-axes.

414. D'où l'on voit que si par le point C (fig. 59) qui marque sur le plan vertical une hauteur de 39° (ayant fait VC $=$ VE) on fait passer une hyperbole CTB dont VC & VO soient les demi-axes, elle sera la perspective de l'almicantarat de 39°, & que le point accidental qu'on cher

che doit se trouver dans cette hyperbole à l'endroit où elle est rencontrée par la perpendiculaire élevée du point D. Reste donc à démontrer que par la construction enseignée cy-dessus (411), on a trouvé le vrai lieu du point T.

415. Soit donc $VO = b$, VC ou $OF = a$, $VD = y$, DT ou $KR = x$, à cause des triangles semblables VDR, OVF, on a OV : OF :: VD : DR, donc $DR = \frac{ay}{b}$, & $DR^2 = \frac{aayy}{bb}$, & à cause de KD ou $VC = a$, on a $KD^2 = aa$: or dans le triangle rectangle KDR, on a $KR^2 = KD^2 + DR^2$ ou $xx = aa + \frac{aayy}{bb} = DT^2$. Donc (Elem. 844) DT est une ordonnée au second axe d'une hyperbole dont VC & VO sont les demi-axes conjugués.

416. COROLL. 1. Il est clair (Elem. 833) que VF est l'asymptote de l'hyperbole CTB, de sorte qu'ayant le point T de l'almicantarat de 39°, il est aisé (Elem. 874.) de décrire l'hyperbole entiere qui est la perspective de cet almicantarat.

417. REMARQUE I. Cette méthode est très-pratiquable lorsque les inclinaisons & les déclinaisons des lignes originales n'excedent pas 50 à 60 degrés : car lorsqu'elles sont plus grandes, elles exigent des prolongemens de lignes sur le plan du chassis qui sont fort incommodes. On est même alors obligé de se passer de point accidental, & de déterminer chaque ligne inclinée en particulier, en cherchant par la Trigonométrie ou par une opération graphique(voyez-en la méthode n°. 518) le point du terrein ou répond l'aplomb du sommet de chaque ligne inclinée, & la longueur de cette ligne à plomb, puis en mettant ce point & cette longueur en perspective.

418. REMARQUE II. Ayant compris tout ce qui s'est dit précédemment, la figure 59 fait voir comment on a mis facilement en perspective le parallélopipede proposé ci dessus (n°. 409).

419. COROLL. 2. Il est évident que dans la formule $xx = \frac{aabb + aayy}{bb} = (bb + yy) \times \frac{aa}{bb}$, a est la tangente de

l'inclinaiſon I des paralleles données, y eſt la tangente de l'obliquité O du plan vertical du tableau à l'égard du plan vertical dans lequel elles ſont ſituées, & b eſt le ſinus total R : cette formule eſt donc $xx = (R^2 + T^2 O) \times \dfrac{T^2 I}{R^2}$: Or ſelon les principes de la Trigonométrie $\sec^2 = R^2 + T^2$: Donc $xx = \sec^2 O \times \dfrac{T^2 I}{R^2}$: Donc $x = \sec O \times \dfrac{T I}{R}$. Mais ſelon les mêmes principes, $\sec = \dfrac{R^2}{\cos}$: Donc $x = \dfrac{R^2}{\cos O} \times \dfrac{T I}{R} = \dfrac{R \times T I}{\cos O}$. On a donc cette analogie : *Comme le coſinus de l'obliquité du plan vertical du tableau à l'égard des plans verticaux ſur leſquels ſont ſituées des paralleles originales inclinées à l'horizon, eſt à la tangente de cette inclinaiſon : ainſi le rayon eſt à la diſtance de la ligne horizontale du tableau au point accidentel de ces paralleles.*

420. COROLL. 3. D'où on voit que ſi par tous les degrés marqués ſur la ligne horizontale on tire des perpendiculaires, elles ſeront autant de perſpectives de grands cercles de la ſphere perpendiculaires à l'horizon (on les appelle en Aſtronomie des cercles verticaux) propres à meſurer par leurs degrés toutes les inclinaiſons poſſibles des droites ſituées obliquement à l'horizon & au plan vertical. La ligne verticale du tableau eſt elle-même un de ces grands cercles, qu'on peut comparer au méridien de la ſphere céleſte. Si donc on vouloit diviſer en degrés tous ces verticaux perſpectifs, il eſt clair que la ligne verticale auroit des diviſions égales à celles de la ligne horizontale ; & qu'à l'égard des autres verticaux, on les diviſeroit aiſément par le calcul de l'analogie précédente.

421. Mais pour faire graphiquement cette diviſion, ſoit OQ (fig. 61) la ligne horizontale, SB la ligne verticale, OY le vertical qu'il faut diviſer. Portez le rayon principal de O en Q, & portez de O en M la diſtance OS de ce vertical au point de vûe. (En regardant la ligne verticale du tableau comme le méridien, la diſtance OS s'appelleroit en Aſtronomie l'*Azimuth* du vertical à diviſer.) Joignez

MQ, & du point Q comme centre avec le rayon QO décrivez l'arc de cercle ON. Du point N abbaissez sur OQ
la perpendiculaire NL, laquelle est évidemment le cosi-
nus de l'azimuth, puisque OM en est la tangente & NL le
sinus. Portez LQ de Q en P, à l'opposite du point O.
Faites passer par P la perpendiculaire CPR sur laquelle
portez de part & d'autre du point P comme en t, u, x &c.
les divisions prises sur la ligne horizontale depuis S. Par
le point Q & par les points t, u, x &c. tirez des droites qui
donneront les points T, V, X &c. des divisions demandées.
Car Pt étant, par exemple, la tangente de 10° dont le rayon
est OQ, les triangles rectangles semblables QOT, QPt
donnent QP : Pt :: QO : OT. C'est l'analogie du corollaire
précédent (419).

422. **Rem. III.** En supposant un cube inscrit dans la sphere
céleste ou terrestre, en sorte que l'axe de l'équateur ou celui
de l'Ecliptique soit perpendiculaire à deux faces opposées,
on peut, en suivant ces regles, projetter sur les quatre autres faces les points qui sont sur la surface de la sphere qui
s'étendent à 45 degrés de part & d'autre de l'équateur ou
de l'écliptique. On en pourroit aussi projetter de plus éloignés, en supposant que les plans de ces faces fussent prolongés. C'est ainsi qu'ont été construites les Cartes célestes du
Pere Pardies.

423. **Probleme XII.** *Mettre en perspective une figure*
placée sur un plan de niveau éloigné de celui du terrein.

Solution. Prenez sur les divisions du bord inférieur
AB (fig. 62) du tableau le nombre de modules dont ce
plan est élevé, portez-le de part & d'autre sur les montans
du chassis de B en L, & de A en K, joignez LK, & con-
sidérez cette droite comme si c'étoit le bord inférieur du
tableau, l'espace LCDK, comme s'il étoit le terrein ou le
champ du tableau, en sorte que la figure donnée soit placée
sur ce terrein. La droite LK aura donc toutes les mêmes
divisions que BA ; & les mêmes usages à l'égard de cette
figure, que BA à l'égard des objets couchés réellement sur
le terrein. L'usage de la ligne horizontale & de ses divisions

ne changera pas, mais à l'égard des droites CL, DK sur lesquelles il faut prendre les distances des points de la figure donnée au plan du Tableau, leurs divisions ne sont pas les mêmes que celles des droites CB, DA, mais elles leur sont proportionnelles. C'est pourquoi on peut rapporter les unes aux autres par le moyen du compas de proportion, ou graphiquement de la maniere suivante.

Portez la droite DA sous un angle à volonté de D en F, pour avoir DF = DA. Marquez sur DF les divisions de la droite DA que vous voulez rapporter sur DK, & ayant joint FK, par tous ces points tirez sur DK des paralleles à FK, elles donneront sur DK les divisions correspondantes à celles de AD. Comme si on vouloit avoir sur DK le point de 2 modules de distance au tableau, on prendra deux modules de F en G, on tirera GH parallele à FK, & on aura KH pour la mesure de deux modules de distance au tableau sur le plan élevé.

Ce seroit précisément la même chose pour un plan plus haut que le plan horizontal ou plus bas que le terrein, comme si on vouloit représenter quelque chose dans un fossé. Il faudroit seulement dans le premier cas porter LK au-dessus de CD, & dans le second cas, au-dessous de BA comme en *lk*.

424. **Probleme XIII.** *Etant donnée la perspective B (fig. 63) du centre d'un cercle d'un rayon donné, comme de 3 modules, trouver la perspective de ce cercle.*

Solution. Faites passer par le point donné B & par le point de vûe V, une droite FV, & une parallele DC à la ligne horizontale. Faites (391) BC, BD perspectivement de 3 modules. Faites encore passer par le point B deux droites FG, OL qui tendent au point de 45° de part & d'autre. Du point de 22 degrés$\frac{1}{2}$ à droite tirez par les points C, D deux droites CM, DN qui donneront les points M, N sur la droite OL ; & de l'autre point de 22$\frac{1}{2}$ degrés à gauche tirez par les mêmes points C, D deux droites qui donneront sur PG deux points *k*, I. Enfin faites passer une courbe réguliere par les huit points trouvés C, I, E, N, D, K, F, M;

ce sera la perspective du cercle donné.

425. Il est évident que *la perspective d'un cercle doit être une ellipse de quelque façon que le cercle soit situé*. Car les rayons tirés de chaque point de la circonférence de ce cercle à l'œil du spectateur forment un cone ou un conoïde dont le sommet est dans l'œil, & dont la section par le plan du tableau ne peut être qu'une ellipse.

426. On décrira plus facilement & plus exactement cette ellipse si on fait passer par les points E, F des paralleles à la ligne horizontale, qui formeront un Trapeze PLGO, lequel est la perspective d'un quarré dans lequel le cercle original est inscrit. L'ellipse doit donc aller toucher tous les côtés de ces trapezes aux points C, D, E, F.

En faisant attention à l'opération prescrite dans ce problême, on voit qu'elle sert à trouver les sommets des huit angles d'un octogone régulier qui seroit inscrit dans le cercle.

427. Remarque. Il est évident que le point B n'est pas le centre de l'ellipse, ni DC son grand axe. Le centre est au point S qui est au milieu de la droite EF. Car OG ou PI est une tangente à l'Ellipse, & DC qui lui est parallele est coupée en deux également en B par la droite EF qui passe par les points de contact : Donc DC est une double ordonnée dont EF est le diametre, donc le centre de l'ellipse est à son point de milieu S.

428. A l'égard de la position des axes de cette ellipse, elle varie selon la distance du cercle original au plan vertical & au plan du tableau. Comme ceci n'est que de pure curiosité, il suffit de remarquer en général que le grand axe d'une ellipse qui est la perspective d'un cercle, n'est que la perspective de la corde de ce cercle qui joint les deux points de contact des deux rayons visuels tirés de l'œil à ce cercle.

CHAPITRE III.

Exemple, & Remarques générales pour tracer toutes sortes de Perspectives.

429. Lorsque l'on veut mettre en perspective un objet composé d'un grand nombre de parties, l'adresse du dessinateur consiste à remarquer avec soin quelles sont celles qui sont situées dans un même alignement, dans des lignes parallèles, dans des mêmes verticales, dans des mêmes diagonales, &c. afin que toutes ces parties se trouvent dans leurs vraies places dans la perspective, & que les erreurs des opérations ne se multiplient pas.

430. Qu'il faille, par exemple, mettre en perspective un piedestal d'ordre Toscan : de sorte qu'une des faces visibles soit inclinée au plan vertical de 40° à gauche, & l'autre face de 50° à droite : que le coin de la plinte inférieure le plus proche de l'œil soit éloigné du plan du tableau d'un module, & à gauche du plan vertical de deux modules. Qu'enfin toutes les dimensions de ce piedestal soient comme elles sont marquées dans la figure 64, laquelle peut être aussi grossiérement faite qu'on voudra, parce qu'elle ne sert qu'à montrer l'ordre & la position des parties ; mais toutes les dimensions y doivent être exactement marquées par des nombres.

431. Pour embrasser moins de difficultés à la fois nous représenterons les différentes opérations qu'il faut faire par différentes figures, ce qui servira encore à éviter la confusion des lignes. Et d'abord ayant construit mon châssis perspectif suivant les dimensions auxquelles je me suis déterminé par la grandeur de mon tableau, je tire du point de vûe V (fig. 73) au point marqué 2 sur le bord inférieur du tableau, à gauche de la ligne verticale, une droite V 2 ; & par les points marqués 1 sur les montans, je tire une

droite 1A1 qui me donne en A la perspective du coin du piedestal le plus proche de l'œil (389.)

432. Du point A je tire les droites indéfinies A40, A50 qui sont les directions des deux faces visibles. Du point de vûe V je tire au bord inférieur du tableau à la division 7 sur la droite, une droite V7 dont l'intersection avec 1A1 donne (393) AC perspectivement de 9 modules, parce que selon le devis les faces de la plinte inférieure du piedestal ont 9 modules de longueur. Du point C je tire à 20° (moitié de 40° complément de 50°), une droite C20 à droite, qui donne en E la perspective du coin de la plinte qu'on voit à droite (394.) Après quoi j'acheve facilement la perspective ADEF de l'assiette de la plinte, en tirant de A une droite à 5° direction de la diagonale, & de E une droite EF à 40°, leur intersection F est la perspective du coin de la plinte opposé au coin A : Par F & par 50°, je fais passer une droite qui va rencontrer en D la droite A40.

433. Et parce que cette plinte est quarrée, que d'ailleurs toutes les dimensions des moulures du piedestal sont égales sur chacune de ses quatre faces, j'en conclus que non-seulement la diagonale tirée du point A au point F, mais encore toutes celles qu'on voudra tirer sur le plan de toutes les moulures, doivent aboutir au 5e degré à droite de la ligne horizontale, puisque ce degré est à 45 degrés des deux points 40° à gauche & 50° à droite.

434. J'en conclus encore qu'en imaginant un plan élevé perpendiculairement sur la diagonale 5A de l'assiette de la plinte, toutes les diagonales des plans des moulures doivent être dans ce même plan.

435. C'est pourquoi I°. Pour pouvoir marquer facilement les retraites & les saillies de ces moulures, je divise une partie de cette diagonale la plus proche de l'œil en parties perspectivement égales (396). Pour ne pas embarasser de divisions le bord inférieur du tableau, je me sers de la ligne AC qui lui est parallele. Et parce que le point de la ligne horizontale qui doit servir à faire cette division est arbitraire (396), je choisis le point de 40°, par lequel

& par le point E (Fig. 74) je tire une droite jusqu'à ce qu'elle rencontre en G la droite AC prolongée s'il est nécessaire. Je divise AG en 9 parties égales à cause des 9 modules de face que la plinte inférieure doit avoir. Je subdivise les deux premieres parties qui sont vers A en d'autres plus petites, comme ici en moitiés. Par ces divisions je tire à 40° des droites qui divisent AF aux points H , K , L qui serviront à trouver les retraites & les saillies ; je les marque des mêmes nombres que leurs parties correspondantes sur AG.

436. Il faut remarquer que les parties AH , HK , KL ne sont pas des demi-modules perspectifs : ce sont des quantités qui sont à des demi-modules du devis, comme la diagonale d'un quarré est à son côté, ou comme $\sqrt{2}$ à 1 : ce sont les parties Ah , $h k$, $k l$ qui sont des demi-modules perspectifs. J'appellerai les divisions de la ligne AF, *l'échelle des saillies.*

437. II°. Pour avoir facilement les dimensions en hauteur , je prolonge la diagonale FA jusques au bord inférieur du tableau en M , j'éleve une perpendiculaire indéfinie MT, sur laquelle je marque avec les divisions du bord inférieur du tableau toutes les dimensions des hauteurs marquées dans le devis (fig. 64.) aux lettres N , O , P , Q , R , S , T. J'appellerai dans la suite la droite MT (fig. 74) *l'échelle des hauteurs.*

438. Tout étant ainsi préparé , des quatre coins de l'assiette de la plinte (fig. 75) j'éleve des perpendiculaires indéfinies AB, DI, FG, EC, & je tire du point N de l'échelle des hauteurs une droite N5 au point 5 de la ligne horizontale : son intersection avec AB donne en B la hauteur perspective AB du coin de la plinte. De ce point B je mene au point de 40° une droite qui rencontrant la perpendiculaire DI, donne en I le sommet du coin de la plinte qu'on voit à gauche : & une droite au point de 50° qui donne en C le haut du coin de la droite : du point C je tire à 40° & du point I à 50° des droites qui donnent en G par leur intersection le haut du coin de la plinte op-

poſé au coin A. Or ſi l'on a opéré exactement, le point G doit ſe trouver non-ſeulement dans la perpendiculaire FG, mais encore dans la diagonale N5. Ces deux vérifications doivent ſervir par-tout à ſe redreſſer, & à empêcher que les erreurs ne ſe multiplient.

439. Pour élever perſpectivement le réglet marqué ON dans le devis, je tire d'abord les diagonales BG, IC; (fig. 76) & parce que ſelon le devis, ce réglet doit avoir 0,6 modules de retraite, je prens ſur l'échelle des ſaillies une portion AH = 0,6. J'éleve du point H une perpendiculaire juſques à la rencontre D de la diagonale BG. Le point D eſt le coin inférieur de ce réglet. De ce point je tire à 40° puis à 50° des droites qui donnent ſur la diagonale IC les deux coins inférieurs K, F: de ces deux points K, F je tire à 50° & à 40° deux droites qui doivent s'entrecouper, & donner le coin E préciſément ſur la diagonale BG : de ſorte que le Quadrilatere DKEF eſt la perſpective de l'aſſiette du réglet. De ces quatre coins, j'éleve des perpendiculaires indéfinies, puis par le point O, qui marque ſur l'échelle des hauteurs la hauteur du réglet, & par le point de 5° je tire une droite O5 qui donne en V ſur la perpendiculaire DV le ſommet du coin du réglet, & en Y le ſommet du coin oppoſé. Je tire à 40° & à 50° des droites qui donnent comme ci-deſſus les ſommets des deux coins d'à côté en L & en X. Pour vérifier mes opérations, je tire des points L, X aux points de 50° & de 40° deux droites qui doivent ſe couper au point Y déja trouvé. Par ce moyen la perſpective du réglet eſt achevée.

440. Pour élever le dé, je tire les diagonales LX, YV : (fig. 77) & parce que ſelon le devis, ce dé a 1,2 modules de retraite, je prends ſur l'échelle des ſaillies un eſpace AC = 1,2. Du point C j'éleve une perpendiculaire indéfinie, qui rencontrant la diagonale VY au point K, donne en ce point le coin inférieur du dé, en ſuppoſant que ce dé n'ait pas de chanfrein. Du point k je tire à 40° & à 50° des droites qui donnent les points B & D ſur la diagonale LX, où doivent répondre les coins inférieurs vûs

de côté, & par les points B, D tirant des droites à 50° &
à 40° je dois trouver en I sur la diagonale VY le coin opposé au coin K. Ainsi le quadrilatere KBID est la perspective de l'assiette du dé.

441. Des quatre angles de ce quadrilatere, j'éleve des
perpendiculaires indéfinies KE, BG, DF, IH; & pour les
terminer à la hauteur nécessaire, du point Q qui marque
cette hauteur sur l'échelle des hauteurs, je tire à 5° une
droite Q5 qui donne en E le sommet du coin de devant.
De ce point E je tire à 40° & à 50° des droites qui donnent
en G & en F les deux coins d'à côté; de G & F je tire à 50°,
& à 40° des droites qui doivent se couper dans la droite Q5,
& donner en H le coin opposé à la vûe.

442. Pour décrire le chanfrein du pied du dé : du point
P qui marque la hauteur de ce chanfrein sur l'échelle des
hauteurs, je tire à 5° une droite qui donne en *k* la hauteur
de ce chanfrein sur le coin KE, & par des droites tirées
comme ci-dessus à 40° & à 50°, je trouve les autres points
b, *d*, *i* : je décris donc une courbe de *b* en L, de *d* en X &
de *k* en V, observant que la concavité de cette derniere
courbe doit être tournée vers la gauche, parce que l'œil est
situé à droite du piedestal.

443. Je passe maintenant à la base du talon marqué RQ
sur le devis (fig. 64) & à la regle ou bandelette SR qui est
posée sur ce talon.

Sur le quarré perspectif du sommet du dé (fig. 78) je
tire les diagonales GF, EH, je les prolonge un peu au-delà
du dé, parce que la base du talon doit saillir. La retraite
de cette base est marquée 0, 9 dans le devis : c'est pourquoi du point B pris sur l'échelle des saillies, j'éleve une
perpendiculaire BC qui donne en C, où elle rencontre le
prolongement de la diagonale EH, le coin de devant de la
base du talon : après quoi je trouve facilement comme ci-
dessus les autres coins I, L sur les prolongemens de la diagonale GF, & le coin K sur la diagonale EH.

444. Ensuite à cause que la bandelette est dans le même
à plomb que la plinte inférieure, je prolonge indéfiniment

les perpendiculaires qui terminent les coins visibles V, A, X de cette plinte. Du point R pris sur l'échelle des hauteurs, je tire à 5° une droite R5 qui donne en P sur la perpendiculaire AP le coin inférieur de la bandelette. Du point S qui marque sur l'échelle des hauteurs, la hauteur de cette bandelette, je tire à 5° une droite S5 qui donne sur la même perpendiculaire le sommet *p* de ce coin : après cela je trouve facilement les deux autres coins visibles N*n*, O*o*, en tirant des droites à 40° & à 50°.

445. Et parce que selon le devis, la partie supérieure du talon se termine au-dessous de cette bandelette avec une retraite de 0,3 module, ayant tiré la diagonale NO; (fig. 79) d'un point pris sur l'échelle des saillies à 0,3 module de distance du point A, j'éleve une perpendiculaire qui va rencontrer R5 au point *c* où doit être le coin de ce talon : par des droites tirées de *c* à 40° & à 50° & terminées à la diagonale NO, je trouve les deux autres coins visibles *i*, *l*; je décris les courbes *i*I, *l*L, C*c*, après quoi la perspective de ce talon est achevée.

Il ne reste plus que la plinte supérieure : & parce que selon le devis, elle a précisément la même saillie que le dé : je prolonge indéfiniment les droites qui terminent les coins de ce dé. Du point T qui marque sur l'échelle des hauteurs la hauteur de la plinte, je mene à 5° une droite T5, qui rencontre en E la ligne du coin de devant prolongée : ce point E est donc la perspective du coin supérieur de la plinte ; enfin, en tirant de ce point E des droites à 40° & à 50° je trouve les deux autres coins visibles en G & en F.

446. Voici maintenant quelques Remarques sur les pratiques précédentes.

I°. Si dans le devis il y avoit quelque partie qui dût saillir plus que le coin inférieur de la base de l'objet, on pourroit trouver ces saillies sur l'échelle en y faisant des divisions qui soient en-deça du point A.

447. II°. Si on a marqué sur le bord supérieur du tableau les mêmes divisions que sur le bord inférieur, ainsi qu'on en a averti au n°. 372, on élevera facilement

toutes les perpendiculaires néceffaires, parce qu'il ne faudra qu'appliquer une regle fur deux divifions correfpondantes de chaque bord, en forte que la regle paffe en même tems par le point d'où il faut élever la perpendiculaire.

448. III°. Dans la pratique de la perfpective les diagonales font d'un grand fecours, tant pour vérifier les pofitions des angles perfpectifs des polygones, que pour trouver les centres perfpectifs de ces mêmes polygones : par exemple, on eût pû vérifier encore toutes les opérations de l'exemple précédent en examinant fi toutes les interfections mutuelles des diagonales qu'on y a tirées font dans une même droite parallele à la ligne verticale. Car elles doivent toutes fe couper dans l'axe du piedeftal, & cet axe eft une ligne à plomb.

449. IV°. Les interfections des diagonales fervent à trouver fur le terrein perfpectif le point qui répond aux fommets des objets terminés en pointes ou pyramides, comme font les clochers, les tourelles, les pavillons, &c.

450. V°. Les diagonales font très-commodes pour prendre les faillies & les retraites : mais l'ufage que nous en avons fait dans l'article précédent ne s'étend qu'aux quarrés & aux polygones réguliers fymmétriques : parce que les retraites ou les faillies étant toujours d'une largeur égale fur toutes les faces du folide, elles forment des quarrés ou des polygones réguliers concentriques, & par conféquent les coins de ces faillies ou retraites font dans les diagonales qui paffent par le centre de la figure du plan fur lequel on les pofe.

451. Lorfque ces plans ne font pas quarrés, mais, ce qui eft le plus ordinaire, en parallélogrammes rectangles comme ABCD, (fig. 72) dont les côtés AB, CD font de 3 modules $\frac{1}{2}$ & les côtés BC, AD de $4\frac{1}{2}$ modules, il faut prendre depuis chaque angle fur les côtés originalement les plus longs AD, BC, des parties AE, BF, DG, CH perfpectivement égales aux côtés originalement les plus petits AB, DC, & qui foient par conféquent de $3\frac{1}{2}$ modules dans cet exemple, afin de décrire fur la furface du rectangle.

ABCD des quarrés perspectifs ABFE, DCHG dont les
diagonales BE, AF, GC, DH serviront, comme ci-dessus,
à trouver les coins des saillies & des retraites : on pourra
même en choisir une pour la diviser & en faire une échelle
de saillies.

452. Mais si le plan est un polygone irrégulier, alors,
au lieu d'un simple devis de l'arrangement & des dimensions des parties de l'objet qu'on veut mettre en perspective, il en faut faire geométralement un plan exact, sur
lequel toutes les retraites & les saillies soient marquées dans
toutes leurs dimensions & proportions, assujeties à une
échelle assez grande, pour que les petites parties y soient
sensibles. Il faut sur ce plan tirer deux perpendiculaires
qui marquent la vraie position du plan vertical, & celle
du tableau, afin qu'on puisse mesurer avec le compas &
l'échelle, la distance de chaque point à ces deux plans,
pour mettre ces points en perspective selon le problême
V ou XII.

CHAPITRE IV.

Des préparations nécessaires pour mettre en perspective un grand nombre d'objets donnés de grandeur & de position.

J'Appellerai *le devant de la scène* tous les objets qu'on veut faire entrer en entier sur le devant du tableau.

453. I°. Lorsqu'on a un grand nombre d'objets à mettre en perspective, ou ce qui revient au même, lorsque l'objet qu'on veut représenter est très-grand, comme un Palais entier, un Jardin avec ses avenues, &c. après en avoir fait un devis qui marque les distances respectives, les hauteurs & grosseurs de toutes les parties, il faut calculer à quelle distance du tableau on doit supposer le devant de la scène. Pour y réussir, il faut commencer par prendre sur son devis la hauteur de l'objet le plus proche du tableau & le plus élevé, & faire cette analogie :

Comme la hauteur du tableau,
Est au rayon principal ;
Ainsi la hauteur de l'objet,
Est à la distance de l'œil où il faut placer l'objet, pour que sa hauteur puisse être représentée toute entiere dans le tableau.

Par exemple, supposant que AB, (fig. 65) est l'objet le plus proche & le plus élevé, sa hauteur étant de 16 modules : le tableau TR ayant 5 modules de hauteur, le rayon principal OT de 10 modules. Il est clair que RT : TO :: BA : AO. Par le calcul AO = 32 modules, & par conséquent AT = 22 modules. Il faut donc éloigner le devant de la scène de 22 modules, afin que l'objet le plus proche & le plus élevé s'y voye tout entier.

454. II°. Il faut voir ensuite si en supposant la distance trouvée ci-dessus, le tableau est assez large pour comprendre tout le devant de la scène, pour cela il faut faire cette analogie:

Comme la distance de l'œil à l'objet trouvé par l'analogie
précédente,
Est au rayon principal ;
Ainsi la largeur du devant de la scène,
Est à la largeur que doit avoir le tableau pour le contenir.

455. Car soit AB (fig. 67) la largeur du devant de la scène $=$ 48 modules ; soit en O le lieu de l'œil éloigné de AB de 32 modules $=$ OC. Soit DE la largeur du tableau. Lorsque tout le devant de la scène contient dans le tableau, les rayons qui vont de l'œil aux extrêmités A, B, doivent passer par les bords D, E du tableau. Les triangles AOB, DOE sont semblables à cause des paralleles AB, DE : donc les perpendiculaires OC, OF en sont des dimensions homologues : donc OC : OF :: AB : DE. Selon le calcul DE $=$ 15 modules. Il faut donc que le tableau ait 15 modules de large pour contenir le devant de la scène, tant en longueur qu'en hauteur. Mais si le tableau n'en avoit par exemple que 12, alors pour lui faire contenir tout le devant de la scène, il faut éloigner davantage les objets, ce qui se peut faire par cette analogie qui est l'inverse de la précédente :

Comme la largeur du tableau,
Est au rayon principal ;
Ainsi la largeur du devant de la scène,
Est à la distance de l'œil où il faut le placer pour le faire
entrer tout entier dans le tableau.

Dans le calcul de cette analogie sur les suppositions précédentes, on trouve 40 modules : & par conséquent il faut éloigner le devant de la scène de 30 modules du tableau.

456. III°. Pour déterminer la position de la ligne horizontale & de la ligne verticale du tableau, il faut choisir

le point

le point du devant de la scène vis-à-vis duquel on veut que l'œil du spectateur soit placé. Ce point est donc à une certaine distance d'un des bords du devant de la scène, & à une certaine hauteur au-dessus du terrein. Ces distances étant déterminées par le devis, elles servent à déterminer à quelle distance d'un des côtés du tableau on doit y tirer la ligne verticale, & à quelle distance du bord inférieur de ce tableau on doit tirer la ligne horizontale ; pour cela il faut calculer les deux analogies qui suivent :

> *Comme la distance de l'œil au point choisi sur le devant de la scène,*
> *Est au rayon principal ;*
> *Ainsi la distance du point choisi à une des extrêmités du devant de la scène,*
> *Est à la distance de la ligne verticale au bord du tableau, qui est du même côté, que l'extrêmité à laquelle on a rapporté le point choisi.*

Car il est évident que CO : FO :: CB : FE.

Ensuite......

> *Comme la distance de l'œil au point choisi,*
> *Est à la hauteur de ce point au-dessus du terrein ;*
> *Ainsi le rayon principal,*
> *Est à la distance de la ligne horizontale au bord inférieur du tableau.*

Car si CE (fig. 66) représente le terrein, CA la hauteur de l'objet choisi A, DF le tableau ; il est clair que OA : AC :: OT : TD.

457. Si on n'avoit assujetti l'œil qu'à être placé vis-à-vis du point choisi, en sorte que la hauteur où l'on veut placer l'œil au-dessus du terrein, fut différente de celle du point choisi : alors l'analogie précédente représentée par les mêmes triangles OAC, ODT deviendroit :

> *Comme la distance de l'œil au point du devant de la scène, qui répond au point choisi,*
> *Est à la hauteur de l'œil au-dessus du terrein ;*

M

Ainsi le rayon principal,
Est à la distance de la ligne horizontale au bord inférieur
du tableau.

458. IV°. Si le devant AB (fig. 69) de la scène n'étoit pas parallele au plan DE du tableau, mais s'il lui étoit incliné d'une quantité connue BAL : comme si on vouloit représenter une façade de bâtiment vûe un peu obliquement, & que cette façade remplît exactement la largeur du tableau ; les calculs préparatoires sont un peu plus difficiles : on peut les éviter en faisant différens essais : c'est-à-dire en mettant en perspective les quatre points des extrêmités de cet objet, & en règlant les dimensions de son tableau sur celles du trapeze perspectif que donnent ces quatre points. Mais lorsque l'on voudra faire directement ce calcul, on s'y prendra de la sorte:

459. Ayant choisi le point F par où l'on veut faire passer le plan vertical, & calculé par la Trigonométrie, ou pris par le moyen d'un plan exact & d'une échelle la valeur des lignes AL, FM, AH, FH, soit $OP=r$, $DE=t$, $PE=x$, c'est la distance du bord E du tableau à la ligne verticale ; laquelle étant connue par le calcul suivant, servira à calculer le reste : soit encore $BL=b$, $FM=HL=d$, $AH=f$; les triangles semblables BGL, OPE donnent

$$OP:PE::BL:LG \text{ ou } r:x::b:\frac{bx}{r}=LG. \text{ Donc } HG=d-\frac{bx}{r}.$$

Les triangles semblables HGO, PEO donnent

$$PE:OP::HG:HO, \text{ ou } x:r::d-\frac{bx}{r}:HO=\frac{dr}{x}-b.$$

Enfin les triangles semblables AHO, PDO donnent

$$DP:PO::AH:HO \text{ ou } t-x:r::f:HO=\frac{fr}{t-x}.$$

Faisant une équation des deux valeurs de HO, on a $\frac{dr}{x}-b=\frac{fr}{t-x}$, d'où on tirera $xx-\frac{drx-btx-frx}{b}=-\frac{drt}{b}$, & faisant pour abréger $\frac{dr+bt+fr}{b}=a$, on a $xx-ax=-\frac{drt}{b}$: Donc $x=\tfrac{1}{2}a+\sqrt{\tfrac{1}{4}aa-\frac{drt}{b}}=PE$. Connoiss

fant donc PE, on aura PD, enfuite PD : OP :: HA : HO.
Or PF = HO + HF — OP, on aura donc la diftance du
point de vûe P du tableau, au point F du devant de la fcène,
par où le plan vertical doit paffer.

460. V°. A l'égard de la pofition de l'œil & de fa hauteur,
il eft bon de remarquer que dans les tableaux ordinaires,
tels que font ceux qui font deftinés à parer un appartement,
il eft à propos de fuppofer l'œil élevé de 7 à 8 pieds au-deffus du terrein ou plan géométral, excepté lorfqu'on a un
grand nombre d'objets à repréfenter fur un terrein feulement
comme feroit le tableau d'un Jardin ; car alors il eft néceffaire d'élever l'œil de forte que les parties ne foient pas trop
dégradées par la perfpective, & qu'on les puiffe diftinguer
fans confufion. Ces fortes de perfpectives s'appellent *à vûe
d'oifeau*.

461. Ainfi on ne doit pas s'aftreindre à placer l'œil à la
hauteur ordinaire d'un homme comme de 5 à 5 pieds ½, fi
ce n'eft dans les perfpectives qui font faites pour être vûes
de très-loin, & pour paroître une continuation du terrein fur
lequel le fpectateur eft placé. Telle feroit un bout de gal-
lerie allongée par un tableau de perfpective, ou un tableau
mis au fond d'un Jardin. Dans les perfpectives de décora-
tion de théâtre, on doit fuppofer l'œil placé vers le milieu
de l'amphithéâtre, & à la hauteur de trois ou quatre pieds
au-deffus du niveau de cet amphithéâtre, afin que le terrein
mis en perfpective paroiffe une continuation non interrompue du parquet du théâtre.

462. Tout ce qu'on peut dire en général, c'eft qu'il faut
choifir la hauteur à laquelle l'œil étant placée, il puiffe
voir le plus diftinctement qu'il eft poffible, les objets qui
doivent néceffairement entrer dans la compofition du tableau, de forte qu'ils y faffent un bel effet. C'eft ce qu'on
ne peut déterminer que par le moyen de différentes efquiffes.
Parce que *toute perfpective doit être reguliere pour faire un bel
effet ; mais toute perfpective reguliere ne fait pas toujours un bel
effet*. C'eft le fort de tous les arts, & fur-tout de ceux qui
dépendent de principes qui ne font pas arbitraires.

463. VI°. La longueur du rayon principal doit aussi être proportionnée à la distance des objets derriere le tableau, en sorte que les parties de ces objets ne soient ni trop raccourcies ni trop défigurées. Et lorsque le tableau ne doit pas être vû de loin, ni être assujetti à une certaine place fixe, on peut se servir de cette regle : *Le rayon principal ne doit pas être plus court que la moitié de la diagonale du tableau, ni plus long que cette diagonale, lorsque l'on veut que tous les traits des principaux objets soient finis.*

464. Car l'expérience nous apprend que d'un coup d'œil & sans remuer la tête, on ne peut voir un objet entier, si l'angle à l'œil formé par des rayons tirés aux extrêmités de l'objet est obtus, & qu'on ne peut plus distinguer parfaitement toutes les parties sensibles d'un groupe d'objets, si l'angle à l'œil entre ses extrêmités est plus petit que de 60 degrés. D'où il est facile de conclure que quand l'œil F (fig. 68) est éloigné du milieu D du tableau d'une quantité DF égale à la diagonale BC de ce tableau, les distances FB, FC de l'œil aux coins B, C de ce tableau sont plus grandes que cette diagonale BC, (puisque l'hypoténuse FC est plus grande que le côté FD = BC), & par conséquent le triangle BFC est un peu plus allongé qu'un triangle équilatéral, donc l'angle à l'œil est moindre que de 60 degrés (il est aisé de calculer qu'il est de 53°8′).

465. Mais quand l'œil E est à la distance ED de la moitié de la diagonale BC, les triangles EBD, ECD sont rectangles & isosceles, donc les angles BED, CED sont chacun de 45 degrés, & l'angle total de 90 degrés.

466. Dans les grandes perspectives, comme dans celles des décorations de théâtre, dans celles des Jardins ou des Galleries qu'on doit supposer hors de la portée ordinaire de la vûe, & dont par conséquent les traits ne doivent qu'être dessinés grossiérement & non pas finis, on doit placer l'œil à la distance que la situation du lieu exigera.

CHAPITRE V.

De la Perspective des Ombres.

467. La connoissance de la Perspective des Ombres est absolument nécessaire dans la Peinture, mais sur-tout lorsque l'on doit représenter des objets éclairés par le Soleil ou par quelque lumiere voisine, en sorte que les ombres soient terminées & très-noires.

468. Le point lumineux (c'est-à-dire, celui qui en éclairant un corps opaque, occasionne une ombre derriere ce corps, & à l'opposite du point lumineux), peut être placé ou derriere le tableau, ou dans le plan du tableau, ou devant le tableau.

469. Lorsque le point lumineux est derriere le tableau, ou bien il est en-deçà de l'objet éclairé, alors l'ombre va en s'éloignant du tableau & en tendant par conséquent vers la ligne horizontale: ou bien il est au-delà de l'objet, & alors l'ombre se rapproche du tableau & tend vers le bord inférieur du tableau, si l'objet est plus bas que la lumiere; ou vers le bord supérieur, si l'objet est plus élevé.

470. Lorsque le point lumineux est en-deçà du tableau, il peut être placé entre l'œil & le tableau, ou bien derriere l'œil. Dans ces deux cas l'ombre va en s'éloignant du plan du tableau, & en tendant sur le terrein vers la ligne horizontale.

471. Si le point lumineux est le Soleil ou la Lune, il ne peut être que derriere le tableau & au-delà des objets, ou dans le plan du tableau, ou en devant du tableau derriere l'œil: car il ne pourroit être derriere le tableau & en-deçà des objets, ni entre le tableau & l'œil, à moins qu'on ne le supposât au zénith de quelque point pris entre le tableau & l'objet, ou entre le tableau & l'œil; mais à cause de la distance immense de ces deux astres, ces cas ne peuvent arri-

M iij

ver que les astres ne soient en même temps au zénith des objets, du tableau & de l'œil ; & par conséquent dans le plan du tableau.

472. D'où l'on voit que les ombres du Soleil ou de la Lune sont plus faciles à déterminer que celles des lumieres voisines des objets, telles que sont les lampes ou les bougies.

ARTICLE I.

Propriétés des ombres qu'on considere dans la Perspective.

473. NOus avons démontré dans la premiere partie les propriétés générales des ombres, il suffit donc de rapporter ici celles qui ont un rapport plus immédiat avec la perspective.

474. THEOR. I. *Les ombres du Soleil levant ou du Soleil couchant sont infinies, sur les plans horizontaux: ou en général, lorsque le Soleil ou un objet lumineux est dans le plan où des objets élevés sont placés, les ombres de ces objets s'étendent indéfiniment sur le plan.* Car les longueurs des ombres étant (57) comme les cotangentes des hauteurs du corps lumineux au-dessus du plan éclairé, lorsque la hauteur est nulle, c'est-à-dire, lorsque le corps lumineux est dans le plan qu'il éclaire, la cotangente de cette hauteur est infinie.

475. THEOR. II. *Les ombres solaires sont de même longueur que les objets éclairés, lorsque la hauteur du Soleil est de 45°.* Elles ne sont que la moitié, le tiers, le quart, &c. selon que le Soleil est élevé de 63° 26', de 71° 34', de 75° 58' &c. Elles sont doubles, triples, quadruples, &c. quand le Soleil est élevé de 26° 34', de 18° 26', de 14° 2' &c. ce qui est évident par la table des tangentes.

476. THEOREME III. *L'ombre d'une droite originale projettée sur un plan quelconque est aussi une droite.*

Car le point lumineux est le sommet, & les deux rayons qui passent par les extrémités de cette droite originale sont les côtés du triangle dont la droite originale est la base. L'ombre de cette ligne est le prolongement du plan de ce triangle au-delà de sa base : ce plan d'ombre ne peut donc être coupé par un autre plan qui le rencontre que par une ligne droite (Elem. 629) & cette intersection devient l'ombre de la droite originale projettée sur ce plan rencontré.

477. COROLL. *Ayant sur un plan deux points par où l'ombre d'une droite doit passer, on a la direction de cette ombre : & réciproquement, pour avoir la direction suivant laquelle l'ombre d'une droite est couchée sur un plan, il faut trouver deux points d'ombre sur ce plan.*

478. THEOREME IV. *L'ombre d'un objet éclairé par un point lumineux, est un segment ou reste de Pyramide, dont la partie tronquée a le point lumineux pour sommet, & pour base la surface éclairée de l'objet. Ce segment s'étend indéfiniment à l'opposite du point lumineux, jusqu'à ce qu'il soit terminé par quelque surface qui l'intercepte : & c'est la portion de cette surface qui est comprise dans ce segment, qui est l'ombre de l'objet éclairé.*

Ce Théorême n'a pas besoin de démonstration.

479. COROLL. I. *L'ombre d'un corps éclairé par un point lumineux voisin est d'autant plus étendue sur la surface qui la reçoit, que le point lumineux est plus près de l'objet, & que cette surface en est plus éloignée.*

480. COROLL. II. *L'ombre d'un corps éclairé par un objet lumineux infiniment éloigné, comme le Soleil ou la Lune, est un prisme qui s'étend indéfiniment depuis l'objet éclairé qui est une des bases, jusqu'à ce qu'il soit interceptée par une autre surface, dont la portion couverte d'ombre est l'autre base. Car alors les rayons lumineux sont paralleles entr'eux.*

481. COROLL. III. *En faisant abstraction de la Pénombre, les ombres solaires sont paralleles & égales aux lignes droites originales, lorsqu'elles sont reçues sur un plan parallele à ces droites.* Car les deux rayons qui passent par chaque extrémité d'une de ces droites sont paralleles entr'eux, ils forment donc un parallélogramme avec cette ligne & avec son ombre. D'où l'on voit 1°. *que les ombres solaires d'un objet sont de même largeur que les dimensions de l'objet qui sont exposes*

directement au soleil. 2°. *Que les perspectives des ombres paralleles aux droites originales, doivent tendre (363) aux mêmes points accidentaux que les perspectives des lignes dont elles sont les ombres.*

482. Coroll. IV. Le contour d'une ombre reçue sur une surface n'est autre chose qu'une perspective, dont le point lumineux tient le lieu de l'œil, le contour de la surface éclairée est l'objet original, & la surface qui intercepte l'ombre est le tableau.

483. Théoreme V. *L'ombre d'une droite verticale en se couchant sur un plan quelconque, se dirige de sorte qu'elle tend au point où ce plan seroit rencontré par la verticale ou ligne à plomb qui passe par le point lumineux.*

Soit en L (fig. 70 & 71), un objet lumineux, P ou p le point où son à plomb rencontre un plan quelconque (incliné ou de niveau, au-dessous ou au dessus du point lumineux L,) sur lequel sont situées des lignes verticales comme AB ou CD: Je dis que leur ombre FB, ED se dirige au point P ou *p*. Car puisque AB ou CD sont des droites verticales, les triangles d'ombres FAB, EDC sont posés d'à-plomb ou verticalement; & leurs plans étant prolongés vont passer par le point L: Donc ces plans se coupent dans la verticale LP: donc les côtés FB, ED étant prolongés vont passer par le point P ou *p*.

484. Coroll. I. *Si la lumiere L étoit le Soleil ou la Lune la perspective de son point d'à plomb P sur le terrein, se trouveroit dans la ligne horizontale :* Car la perpendiculaire menée du Soleil sur le plan de l'horizon, ne pourroit le rencontrer qu'à une distance infinie du tableau.

485. Coroll. II. *Plusieurs lumieres qui éclairent une même verticale, causent autant d'ombres, dirigees chacune au point où répond l'à plomb de chaque lumiere, sur la surface où l'ombre est reçue.*

ARTICLE II.

Des ombres Solaires ou Lunaires lorsque le Soleil est dans le plan du Tableau.

486. I°. Lorsque le Soleil est dans le plan du tableau & en même temps à l'horizon : c'est le cas où on le supposeroit à son lever ou à son coucher, toutes les ombres des objets qui sont couchées sur le terrein sont foibles à cause de la foiblesse de la lumiere du Soleil à l'horizon, elles sont infinies (474). Donc leurs perspectives s'étendent indéfiniment & parallélement à la ligne horizontale, & si elles rencontrent quelque surface élevée, elles remontent dessus, jusqu'à ce qu'elles soient égales en hauteur à l'objet original. La figure ci-jointe fait entendre le reste (voyez fig. 80).

487. II°. Lorsque le Soleil est élevé sur l'horizon d'une quantité déterminée en degrés. Il faut tirer les directions des ombres *ab* (fig. 81.) depuis le pied *a* des objets parallélement à la ligne horizontale : & au sommet *c* de chaque objet il faut faire avec sa ligne d'à plomb *ca* un angle *acb* égal au complément de la hauteur donnée du Soleil, afin que l'angle *abc* soit égal à cette hauteur, & que l'ombre soit terminée en *b* : à moins que quelque obstacle ne s'y oppose, tel que seroit le solide A ou le mur *bm*. Dans ce cas, l'ombre étant arrivée en *d* remonte perpendiculairement le long de cette face de *d* en *e*. (Car le plan du triangle d'ombre *cab* étant perpendiculaire au terrein, ne doit couper cette face qui est perpendiculaire au terrein, que dans une droite aussi perpendiculaire au terrein). Ensuite l'ombre s'étend sur la surface supérieure de *e* en *f* parallélement à la ligne horizontale, puis elle reparoît sur le terrein en *gi* dans sa premiere direction, rencontrant encore en *i* le mur *bm*, elle remonte perpendiculairement sur ce mur jusques à la rencontre de la droite *cb* où elle se termine en *k*.

Pour l'ombre du solide A, on l'a déterminée comme l'auroit été celle de *ac* si elle n'eût pas rencontré d'obstacle.

488. Rem. Lorsque la hauteur du Soleil est arbitraire, on peut à la place de ses degrés de hauteur, supposer un rapport entre la hauteur de chaque corps & la longueur de son ombre.

ARTICLE III.

Des Ombres Solaires ou Lunaires lorsque le Soleil est derriere le Tableau.

489. I°. SI le Soleil est à l'horizon, c'est-à-dire, à son lever ou à son coucher, il faut savoir, (ou si cela est arbitraire, il faut déterminer à volonté) de combien le plan vertical qui passe par l'œil & par le Soleil, décline du plan vertical du tableau : c'est-à-dire, par quel degré de la division de la ligne horizontale, le plan vertical où est le Soleil, doit passer. (On peut appeller ce point l'*azimuth du Soleil.*) Ayant marqué ce point sur la ligne horizontale prolongée s'il est nécessaire, on y pourra dessiner, si on le juge à propos, la moitié du disque du Soleil au-dessus de la ligne horizontale en prenant sur les divisions de cette ligne 24 ou 25 minutes à droite & à gauche de ce point, parce que le Soleil à son lever ou à son coucher paroît plus gros que lorsqu'il est élevé sur l'horizon.

490. Le point de la ligne horizontale où est le centre du soleil, est le point accidental de toutes les ombres des lignes verticales (483.) Ces ombres sont foibles, & s'étendent à l'infini en se rapprochant du bord inférieur du tableau, à moins qu'elles ne rencontrent quelque plan vertical ou incliné, comme un mur, ou un autre corps.

491. Soit par exemple l'azimuth du Soleil couchant de 40°. L'ombre du corps A (fig. 83) est terminée par deux droites dirigées au point de 40° de la ligne horizontale,

& qui s'étendent indéfiniment à l'opposite. L'ombre du cylindre B est aussi terminée par deux droites tendantes à 40°: mais rencontrant un obstacle fait en gradin, elle remonte perpendiculairement en *e i*, elle s'étend ensuite en *i o* sur l'espace de niveau, en se dirigeant toujours à 40°, elle monte encore perpendiculairement en *o r*, puis se dirigeant à 40° elle s'étend en *t u*: enfin elle remonte encore en *u r* où elle se termine en *r*, parce que la hauteur *r u* au-dessus du plan du terrein est perspectivement égale à la hauteur du cylindre.

492. II°. Si le Soleil est élevé sur l'horizon, il faut marquer de même sur les divisions de la ligne horizontale, le point de l'azimuth du Soleil, afin d'avoir un point accidental pour toutes les ombres des lignes verticales. Ensuite si la hauteur du Soleil est déterminée il faut calculer (ou si elle est arbitraire, il faut supposer) le rapport de la longueur des ombres à la hauteur des objets : c'est (474) le même que celui du sinus total à la cotangente de la hauteur du Soleil. Comme si le Soleil étoit élevé de 20° & déclinoit à gauche du plan vertical de 40° je trouve que la cotangente de 20° est 2,75, c'est-à-dire, que dans ce cas l'ombre est $2\frac{1}{4}$ de fois plus longue sur les plans de niveau, que l'objet n'est haut. Soit donc AC (fig. 82) un objet vertical : je tire par son pied A une droite AB dirigée au point Z de 40°. Je fais (391) AB égale perspectivement à $2\frac{1}{4}$ de fois l'objet AC : & s'il ne se rencontroit pas d'obstacle, l'ombre seroit AB. Mais comme elle trouve ici un prisme *p k* sur son chemin, l'ombre va de A en O jusques au bas du prisme, remonte perpendiculairement de O en E, s'étend sur la base supérieure de E en I, en se dirigeant à 40°, enfin va se terminer de F en B au-delà de l'ombre du prisme & dans sa premiere direction.

493. On voit par la figure, que l'ombre de ce prisme a été déterminée en tirant indéfiniment PG, QN, RM tendantes à 40°, & en faisant une des trois comme QN perspectivement égale à $2\frac{1}{4}$ fois la hauteur QT du prisme : puis en tirant MN au point de vûe S, parce que (481) le côté KT y tend ; & NG parallele à la ligne horizontale, parce que TD est parallele à cette ligne.

494. REM. I. Si l'on peut placer le Soleil même dans le tableau prolongé s'il est nécessaire, comme en M, alors pour avoir le terme B de l'ombre du corps AC, il suffira de poser une regle sur les points M, C, & le point B où la regle coupera ZB tirée du pied de l'objet dans la direction de 40°, sera le terme cherché. On trouvera de même le point N de l'ombre du solide PK.

495. REM. II. Cette méthode est extrêmement commode lorsque l'on est maître de placer le Soleil où l'on veut ; mais si on étoit obligé de le mettre à une hauteur déterminée, il faudroit trouver la valeur de MZ par la méthode expliquée & démontrée ci-dessus (411).

ARTICLE IV.

Des Ombres solaires, lorsque le Soleil est derriere le Spectateur.

496. ON peut déterminer toutes les ombres dans ce cas-ci comme dans l'article précédent, en imaginant que le Soleil est dans un point du ciel au-dessous de l'horizon diamétralement opposé à celui où il se trouve réellement au-dessus. On marque le degré de l'azimuth du Soleil sur la ligne horizontale du côté qui est opposé à celui où est réellement le Soleil à l'égard du plan vertical. On calcule ensuite, si cela est nécessaire, ou on suppose, si cela est libre, le rapport de la longueur des ombres à la hauteur des objets ; on détermine perspectivement la longueur de ces ombres, en remarquant qu'elles doivent toujours aller du pied des objets vers le point d'azimuth.

497. On peut même placer le lieu du Soleil sur le tableau ou à volonté, ou géométriquement s'il le faut, pour terminer les ombres. Pour cela, soit par exemple le Soleil derriere la gauche du spectateur déclinant de 40° du plan vertical, & élevé de 20° sur l'horizon. Qu'il faille trouver

l'ombre du bâton vertical AC (fig. 84). Du pied A de l'objet je tire vers Z (pris à 40° à droite de la ligne verticale) la direction AZ de l'ombre. Sur ZM perpendiculaire à SZ je place le lieu M de l'opposite du soleil, en sorte que ZM soit la perspective d'un arc céleste vertical de 20°. Je joins MC qui donne le terme de l'ombre en B.

498. Car l'ombre solaire d'un point quelconque qui ne seroit pas interceptée iroit se terminer dans le ciel au point opposé à celui où est le Soleil : Donc le point du ciel opposé à celui où est le Soleil, le point où l'ombre est interceptée, & le point qui jette cette ombre sont dans une même ligne droite.

ARTICLE V.

Des Ombres causées par une lumiere voisine des objets ; telle que celle d'un flambeau.

499. I°. *LOrsque la lumiere est derriere le plan du tableau.* Pour trouver facilement les ombres, il faut placer sur le tableau, prolongé s'il est nécessaire, la perspective de cette lumiere, & celle du point du terrein où répond son à plomb : nous appellerons ce point, *le pied de l'objet lumineux.* Car c'est un point accidental auquel toutes les ombres de cette lumiere se dirigent : la méthode de les trouver & de les terminer est précisément la même que dans l'article III. qui précede ; en remarquant seulement que si la lumiere étoit plus basse que l'objet, l'ombre se projetteroit sur un platfond, en se dirigeant au point où l'àplomb de la lumiere le rencontreroit.

500. II°. *Lorsque la lumiere est dans le plan du tableau.* Il y faut aussi placer la perspective de cette lumiere & celle de son pied, ce qui est facile : car sa distance au plan du tableau étant nulle : la distance de la lumiere aux plans vertical & horizontal est la même que la distance de son point de perspective à la ligne verticale & à la ligne horizontale.

La perspective du pied de la lumiere est sur le bord inférieur du tableau, & les ombres se déterminent comme ci-
dessus.

501. III°. *Lorsque la lumiere est entre le tableau & l'œil.*
Il faut encore se servir des mêmes méthodes, en plaçant sur
le tableau la perspective du point lumineux & de son pied.
Pour cette fin il faut mettre dans les deux analogies de la
solution générale (351), *comme le rayon principal moins* (au lieu
de *plus*) *la distance du point lumineux au tableau*, &c. Car si
on prend le plan ASDI (fig 46) pour celui du tableau,
en sorte que SA soit la ligne verticale, AI la ligne horizontale, & si on prend *asdi* pour le plan parallele à celui
du tableau dans lequel la lumiere est située au point *d*, il est
clair qu'alors AO est le rayon principal, A*a* la distance
de la lumiere au tableau, *as* ou *id* sa distance au plan horizontal, *ai* ou *sd* sa distance au plan vertical, & qu'on a
O*a* ou OA—A*a*: OA :: *ai* ou *sd*: AI ou SD :: *as* ou
id: AS *ou* ID: où il faut remarquer que la lumiere ne doit
être ni fort élevée, ni loin du plan vertical, ni trop près du
plan parallele au tableau qui passeroit par l'œil. Car alors
les points de perspective tomberoient bien au delà des bords
du tableau; & même la perspective du pied de la lumiere
tombe nécessairement au-dessous du bord inférieur du tableau.

502. REM. Comme dans ce cas la lumiere fait un assez
bel effet sur le tableau, si on est maître de placer sa lumiere,
il faudra la supposer à une telle distance des plans vertical
& horizontal, que sa perspective tombe vers un des montans du tableau un peu en-dehors & un peu au-dessus de
la ligne horizontale.

503. IV°. *Lorsque la lumiere est derriere le spectateur.* C'est
un cas assez favorable pour voir distinctement les objets peu
éloignés, mais il est extrêmement difficile de déterminer
les ombres: parce qu'on ne peut poser sur le tableau ni la
perspective du point lumineux, ni celle de son pied: on
ne peut donc avoir de point accidental pour le concours des
directions des ombres. C'est pourquoi il faut éviter ce cas:
& l'on n'expliquera ici quelques regles pour trouver les

ombres, que pour ne laisser rien à desirer sur cette matiere.

504. Il faut donc 1°. calculer la distance du point de vûe au point de la ligne horizontale auquel l'ombre de chaque objet vertical doit tendre. Ainsi, si le point éclairé & le point lumineux sont du même côté par rapport au plan vertical, il faut faire, *comme la somme des distances du point éclairé & du point lumineux au plan du tableau est à la différence de leurs distances au plan vertical: ainsi le rayon principal est à la distance cherchée.* Laquelle se doit marquer sur la ligne horizontale du même côté que le point éclairé si sa distance au plan vertical est plus grande que celle du point lumineux, & du côté opposé si elle est plus petite.

505. D'où on voit que si le point éclairé & le point lumineux sont à même distance & du même côté du plan vertical, l'ombre tend au point de vûe.

506. Mais si le point éclairé est d'un autre côté que le point lumineux, il faut faire : *Comme la somme de leurs distances au tableau, est à la somme de leurs distances au plan vertical ; ainsi le rayon principal, est à la distance du point de vûe au point de la ligne horizontale où l'ombre tend,* & alors ce point se prend toujours du même côté que le point éclairé.

507. Ce calcul n'est autre chose que celui de l'inclinaison de la base du triangle d'ombre sur le plan vertical. Soit L (fig. 85) le pied du point lumineux sur le terrein, GE le plan vertical, IK le plan du tableau, B le point du terrein où repond l'à plomb du point éclairé. Ayant tiré LD parallélement au plan vertical & joint LB, on voit que LB est la direction de l'ombre sur le terrein, & que cette droite est inclinée au plan vertical de la quantité de l'angle DLB. Or (Elem. 748) dans le triangle DLB, on a DL ou DF + FL : BD ou EL — GB : : R : tang. DLB ; & parce que les divisions de la ligne horizontale sont (370) des tangentes dont le rayon principal est le rayon, DF + FL est à EL — GB, comme le rayon principal, est à la distance du point de vûe au point de la ligne horizontale où l'ombre doit tendre. Comme B est plus proche du plan vertical que L, l'inclinaison de LB porte cette direction du

côté du plan vertical opposé à celui où est le point éclairé.
Il est facile d'appliquer ce raisonnement aux points éclairés A , C , pour démontrer les autres cas.

508. II°. Il faut calculer la longueur que l'ombre doit
avoir sur le terrein , en la prenant depuis le pied de l'objet,
afin de décrire perspectivement cette ombre. Voici comme
on y peut procéder. Portez sur la ligne verticale depuis le
point de vûe la distance trouvée dans le calcul précédent ,
(il n'importe de quel côté). Mesurez la distance du point
de 45° de la ligne horizontale au point de la ligne verticale
où tombe la distance précédente , & faites : *Comme le produit
du rayon principal par la différence des hauteurs du point lumineux
& du point éclairé au-dessus du terrein, est au produit de la distance qu'on vient de trouver par la somme des distances du point
éclairé & du point lumineux au plan du tableau , ainsi la hauteur
du point éclairé au - dessus du terrein, est à la distance du point
d'ombre sur le terrein comptée depuis le pied de cet objet.*

509. Cette analogie suppose le point lumineux plus élevé
que l'objet : mais s'il étoit plus bas , elle donneroit la distance du point d'ombre sur un plafond comptée depuis le
point où le plafond seroit rencontré par l'à plomb du point
éclairé.

510. Pour démontrer cette analogie , il faut considérer
qu'ayant porté sur la ligne verticale une droite égale à la
tangente de l'inclinaison de la ligne LB, le triangle rectangle qu'on formeroit en joignant le bout de cette droite
avec le point de 45° est semblable au triangle BLD. On auroit donc (Elem. 556) le rayon principal (que j'appelle *r*) est à
l'hypoténuse de ce premier triangle (que j'appelle *d*): comme

$$LD \text{ ou } FL + FD \text{ est à } BL. \text{ Donc } BL = \frac{(LF + FD) \times d}{r}$$

511. Soit maintenant LN le terrein, (fig. 86.) LH la
hauteur du point lumineux H , soit BM celle du point
éclairé M , ayant tirée MO parallele à LN , la différence
des hauteurs du point éclairé & du point lumineux est HO.
Menant HM jusques en N , BN est la distance du point
d'ombre N au pied B de l'objet éclairé. Or les triangles

semblables

semblables HOM, MBN donnent $MB : BN :: HO$ ou $HL - MB : OM$ ou BL, donc $BL = \dfrac{(HL - MB) \times BN}{MB}$.

En faisant une équation des deux valeurs de BL, on en déduira l'analogie $r \times (HL - MB) : d \times (LF + FD) :: MB : BN$ qu'il falloit démontrer.

Si on suppose la figure renversée de sorte que LN représente un plafond, H un point lumineux plus bas que le point éclairé M, on aura le même point d'ombre N, & par conséquent le même calcul.

512. REM. I. Lorsqu'un objet est éclairé par plusieurs lumieres voisines différemment placées à son égard, il faut déterminer l'ombre de chacune comme s'il n'y avoit que celle là. Toutes ces ombres se confondent en partie au pied de l'objet, leur mélange y forme une ombre d'autant plus noire qu'il y a plus d'ombres, ensuite chaque ombre s'affoiblit à mesure qu'elle se sépare des autres, qu'elle s'éloigne du pied du corps éclairé, & que le terrein où elle s'étend est plus vivement éclairé par une autre lumiere. Il sera facile de dessiner tous ces effets en examinant les ombres d'un corps éclairé par plusieurs Bougies différemment situées, sans qu'il soit nécessaire d'entrer ici dans un plus grand détail.

513. REM. II. Si deux ombres affoiblies & presque insensibles viennent à se croiser, tout l'espace où elles s'entrecoupent devient une ombre très-sensible, il le seroit encore plus s'il s'y rencontroit un plus grand nombre d'ombres.

N

ARTICLE VI.

Différens Problêmes sur les Ombres.

514. **Problème I.** *D*Eterminer l'ombre pure d'un objet en la séparant de sa pénombre.

Solution. Ayant mis en perspective le corps lumineux ED (fig. 89) selon toutes ses dimensions, déterminez comme ci-dessus (494) l'ombre centrale AG du sommet d'un des bords de l'objet. Cherchez de la même maniere les termes F, H, des ombres des bords supérieurs & inférieurs du corps lumineux. Cherchez de même les termes f, g, h, de l'autre côté ou face de l'objet, tirez Ff, & prenez sur cette droite deux points I, i tels que FI soit perspectivement égal à FG & fi à fg. Joignez AI, ai, & le Trapeze AaiI sera le terme de l'ombre pure : AahH celui de l'extrêmité de la pénombre.

515. **Rem.** Si le corps lumineux n'étoit pas rond, comme si on supposoit que ce fût un flambeau dont la largeur de la flamme fût à sa hauteur comme p à q, il faudroit que FI fût à FG, & fi à fg, comme p à q.

516. **Problème II.** *Déterminer l'ombre d'une droite* AB *(fig. 87) inclinée sur le terrein, & donnée de position & de grandeur.*

Solution. Calculez par la trigonométrie ou cherchez par une opération graphique la position du point D (qui est le point du terrein qui est à plomb au-dessous du point B) à l'égard du plan vertical & du plan du tableau. Joignez BD & cherchez-en (499) l'ombre DE. Par le point A menez AE, ce sera l'ombre de AB. S'il se rencontroit un plan vertical FG, on voit que l'ombre devient AIK, parce que K est le bout de l'ombre de l'à plomb BD.

517. Pour avoir trigonométriquement la position du point D ; dans le triangle BAD rectangle en D, on con noît AB & son inclinaison BAD ; on peut donc calcule

AD. Tirant AN parallele au plan vertical, & du point D la perpendiculaire DN, dans le triangle ADN, on a AD par le premier calcul, NAD par la déclinaison donnée de la droite AB à l'égard du plan vertical ; on peut donc calculer DN & NA, qui donnent les quantités dont D differe de position à l'égard de celle du point A.

518. L'opération graphique se fait ainsi. Sur A*d* (fig. 88) qui représente une parallele au plan du tableau, faites l'angle *d*AB égal à l'inclinaison donnée de la ligne originale, & faites AB égale à cette ligne. Abaissez la perpendiculaire B*d* ; tirez AN perpendiculaire à A*d* & qui représente une parallele au plan vertical, faites-y NAF égal à la déclinaison de la ligne originale à l'égard du plan vertical, prenez sur AF une droite AD=A*d*, menez DN perpendiculaire à AN, & les valeurs de DN, AN trouvées par le moyen de l'échelle seront les différences de position du point D à l'égard de celle du point A.

519. Rem. Si la lumiere C (fig. 90) étoit plus basse que le sommet de la droite inclinée AB , en sorte qu'il fût impossible de déterminer le point E (fig. 87) sur le terrein ; il faudroit prendre sur AB (fig. 90) un point L à volonté plus bas que la lumiere C, mener son à plomb LM, en déterminer l'ombre MO, & du point A tirer par O la droite indéfinie AO qui sera l'ombre cherchée, laquelle s'étend à l'infini, si elle n'est rencontrée par quelque plan élevé sur le terrein.

520. Autre Solution. *Lorsque la droite inclinée est déja mise en perspective sur le tableau.* Soit AB (fig. 91) une droite inclinée mise en perspective. De deux points quelconques A, D pris à volonté sur cette droite, abaissez des droites AC, DE perpendiculaires sur le terrein ; par le pied P de la lumiere L, & par les points C, E tirez deux droites indéfinies PF, PG. Imaginez un plan perpendiculaire à l'horizon (parallele si l'on veut au plan vertical ou au plan du tableau, pourvû qu'il ne soit pas trop oblique aux droites PF, PG) dont l'intersection avec le terrein soit FK : par les points F, G où PF, PG rencontrent FK, élevez des perpendiculaires indéfinies FH, GI : par L & par A, D tirez

LAH, LDI qui donnent en '' & en I fur le plan fuppofé
les points d'ombre des points A, D: joignez HI, & le
point O où elle rencontrera l'interfection FK fera un des
points de la direction de l'ombre cherchée fur le terrein;
cette direction fera donc BOQ.

521. PROBLEME III. *Déterminer la direction de l'ombre
d'une ligne donnée inclinée* AB, *lorfqu'elle vient à rencontrer des
plans plus élevés que la lumiere.*

SOLUTION. Par le pied P (fig. 96) de la lumiere L &
par le point C où aboutit la perpendiculaire BC fur le terrein, tirez une droite PCM qui rencontre les interfections
du terrein avec les plans perpendiculaires des gradins aux
points H, I, K, M, par lefquels élevez des perpendiculaires indéfinies HN, IO, KQ, MR; par la lumiere L &
par B tirez LR qui donnera les points d'ombre N, O, Q, R
du fommet B fur tous ces plans. Déterminez par le problême précédent la direction Am de l'ombre fur le terrein,
laquelle coupe les interfections des plans des gradins avec le
terrein aux points h, i, k, m. Menez hN, iO, kQ, mR, ce
feront les directions de l'ombre inclinée fur ces plans perpendiculaires. Il fera donc aifé de conduire la ligne d'ombre Ahnosuux R. Et en traçant fur les plans perpendiculaires des gradins, les ombres des droites ST, VX, YZ,
il fera aifé de marquer la route de l'ombre fur toutes les
parties où elle fera vifible.

522. PROBLEME IV. *Trouver le point où doivent tendre les
ombres des lignes verticales, lorfque ces ombres doivent s'étendre
fur un plan incliné.*

SOLUTION. Par le pied P (fig. 92.) de la lumiere L faites
paffer une perpendiculaire (388) fur l'interfection du plan
incliné avec le terrein: ou fi le plan incliné ABC fe termine en une droite BC élevée au-deffus du terrein, par le
point Q pris fur l'à plomb LP dans le même niveau que BC,
tirez fur BC (388) la perpendiculaire QR, que vous me-
furerez comme on va dire: faites enfuite, Comme le rayon,
à la tangente de l'inclinaifon du plan fur le terrein, ainfi
QR eft à QT; & le point T fera le point accidental de

toutes les ombres des lignes verticales éclairées par la lumiere L, parce que c'est le point où le plan ABC prolongé rencontre l'à plomb QL de la lumiere.

523. Pour trouver graphiquement la valeur de QT, il faut poser sur le plan d'une figure faite exprès (voyez fig. 93) le point Q de l'à plomb de la lumiere qui est au même niveau que le bord du plan incliné, & une droite BC qui représente ce bord, en sorte qu'on ait sur le plan, une figure exacte de la vraie situation du bord & du point Q à l'égard du plan vertical FG & de celui du tableau GH. Menez à BC la perpendiculaire QR, & une parallele QV. Tirez par R la droite RS qui fasse sur BC l'angle BRS égal à l'inclinaison du plan sur le terrein; prolongez-la jusqu'à ce qu'elle rencontre en T la parallele QV. Mesurez sur l'échelle la droite QT, & mettez-la en perspective sur votre tableau.

524. SCHOLIE. On voit de-là que si on a déterminé les points T, t (fig. 95) où les plans ABC, ACD couperoient l'à plomb LT de la lumiere L, il sera facile de décrire sur ces plans la route de l'ombre NEFGHIK de la verticale MN, comme la figure le fait voir.

525. AUTRE SOLUTION *pour le Soleil*. Prolongez le bord DC (fig. 94) du plan incliné jusques à la ligne horizontale en I. Du point I tirez sur le plan incliné une droite indéfinie à volonté IL, afin d'avoir sur ce plan une droite KL parallele au bord inférieur DC. Sur le terrein, (ou plus généralement sur le plan de niveau sur lequel DC est couchée) cherchez le point d'à plomb A d'un des deux points K ou L. Par I & par cet à plomb menez une droite indéfinie IN. Par le point F de l'azimuth du Soleil S, & par un point quelconque pris sur DC comme D, menez une droite FO jusques à la droite IN. Elevez au point O la perpendiculaire OQ, jusques à la rencontre de la droite IL. Enfin par les points Q, D, menez une droite QT, jusqu'à la rencontre T de la perpendiculaire SF où est le Soleil: ce point T sera le point de concours de toutes les ombres des lignes verticales qui tomberont sur le plan incliné EDC.

Car il est évident que le triangle DQO rectangle en O,

& dont l'angle QDO est égal à l'inclinaison du plan DCE,
est couché sur un plan vertical OQSF, qui passe par le
Soleil S & par son à plomb ST : donc le prolongement
de QD donne en T le point où le plan incliné DCE rencontre ST.

526. Rem. Nous ne parlons point ici des ombres reçues
sur des corps dont les surfaces ne sont pas planes, de même
que nous n'avons pas parlé de la perspective qu'on se pro-
poseroit de tracer sur des surfaces qui ne sont pas planes,
telles que sont des surfaces Cylindriques, Coniques, Sphériques, &c. parce qu'il est rare qu'on soit obligé d'opérer
sur ces sortes de surfaces, & que d'ailleurs il nous faudroit
entrer dans un trop long détail. Dans le cas où il seroit
absolument nécessaire de tracer quelqu'une de ces sortes de
perspectives, la connoissance & l'usage des principes que
nous avons expliqués, un peu de Géométrie, les circonstances des lieux, des surfaces & des objets, fourniront des
regles particulieres pour y reussir.

F I N.

TABLE DES TITRES
Contenus dans ces Élemens.

TROISIEME PARTIE.

De la Perspective.

Fin de la Table.

Extrait des Regiſtres de l'Académie Royale des Sciences.

Du 21 Janvier 1750.

MEſſieurs Bouguer & Caſſini de Thury ayant été nommés pour examiner des *Leçons Elementaires d'Optique*, que M. l'Abbé de la Caille ſe propoſe d'expliquer au Collége Mazarin ; & en ayant fait leur rapport, l'Académie a jugé cet Ouvrage digne de l'impreſſion : en foi de quoi j'ai ſigné le préſent Certificat. A Paris ce 21 Janvier 1750.

GRANDJEAN DE FOUCHI , *Secr. perp. de l'Acad. Royale des Sciences*

PRIVILEGE DU ROI.

LOUIS, par la grace de Dieu, Roi de France & de Navarre ; à nos amés & féaux Conſeillers, les Gens tenans nos Cours de Parlement, Maîtres des Requêtes ordinaires de notre Hôtel, Grand-Conſeil, Prévôt de Paris, Baillifs, Sénéchaux, leurs Lieutenans Civils, & autres nos Juſticiers qu'il appartiendra, SALUT. Nos bienamés LES MEMBRES DE L'ACADEMIE ROYALE DES SCIENCES de notre bonne Ville de Paris, nous ont fait expoſer qu'ils auroient beſoin de nos Lettres de Privilége pour l'impreſſion de leurs Ouvrages : A CES CAUSES, voulant favorablement traiter les Expoſans, Nous leur avons permis & permettons par ces Préſentes de faire imprimer par tel Imprimeur qu'ils voudront choiſir, toutes les Recherches ou Obſervations journalieres, ou Relations annuelles de tout ce qui aura été fait dans les Aſſemblées de ladite Académie Royale des Sciences, les Ouvrages, Mémoires ou Traités de chacun des Particuliers qui la compoſent, & généralement tout ce que ladite Académie voudra faire paroître, après avoir fait examiner leſdits Ouvrages, & jugé qu'ils ſont dignes de l'impreſſion, en tels volumes, forme, marge, caractères, conjointement ou ſéparément, & autant de fois que bon leur ſemblera, & de les faire vendre & débiter par tout notre Royaume, pendant le tems de vingt années conſécutives à compter du jour de la date des Préſentes ; ſans toutefois qu'à l'occaſion des Ouvrages cideſſus ſpécifiés il en puiſſe être imprimé d'autres qui ne ſoient pas de ladite Académie : Faiſons défenſes à toutes ſortes de perſonnes, de quelque qualité & condition qu'elles ſoient, d'en introduire d'impreſſion étrangere dans aucun lieu de notre obéiſſance ; comme auſſi à tous Libraires & Imprimeurs d'imprimer ou faire imprimer, vendre, faire vendre, & débiter leſdits Ouvrages, en tout ou en partie, & d'en faire aucunes traductions ou extraits, ſous quelque prétexte que ce puiſſe être, ſans la permiſſion expreſſe & par écrit deſdits Expoſans, ou de ceux qui auront droit d'eux, à peine de confiſcation des Exemplaires contrefaits, de trois mille livres d'amende contre chacun des contrevenans ; dont un tiers à Nous, un tiers à l'Hôtel-Dieu de Paris, & l'autre tiers auſdits Expoſans, ou à celui qui aura droit d'eux, & de tous dépens, dommages & intérêts ; à la charge que ces Préſentes ſeront enregiſtrées tout au long ſur le Regiſtre de la Communauté des Libraires & Imprimeurs de Paris, dans trois mois de la date d'icelles ; que l'impreſſion deſdits Ouvrages ſera faite dans notre Royaume , & non ailleurs , en bon papier & beaux caracteres , conformément aux Reglemens de la Librairie ; qu'avant de les expoſer en vente , les Manuſcrits ou Imprimés qui auront ſervi de copie à l'impreſſion deſdits Ouvrages ſeront remis és mains de notre très-cher & féal Chevalier le ſieur DAGUESSEAU , Chancelier de France , Commandeur de nos Ordres ; & qu'il en ſera enſuite remis deux Exemplaires dans notre Bibliothéque publique , un en celle de notre Château du Louvre , & un en celle de norredit très-cher & féal Chevalier le ſieur DAGUESSEAU , Chancelier de France , le tout à peine de nullité deſdites Préſentes : du contenu deſquelles vous mandons & enjoignons de faire jouir leſdits Expoſans & leurs ayans cauſe pleinement & paiſiblement , ſans ſouffrir qu'il leur ſoit fait aucun trouble ou empêchement, Voulons que la copie des Préſentes , qui ſera imprimée tout au long , au commencement ou à la fin deſdits Ouvrages , ſoit tenue pour duement ſignifiée , & qu'aux copies collationnées par l'un de nos amés , féaux Conſeillers & Sécretaires , foi ſoit ajoutée comme à l'Original. Commandons au premier notre Huiſſier ou Sergent ſur ce requis , de faire pour l'exécution d'icelles , tous actes requis & néceſſaires , ſans demander autre permiſſion , & nonobſtant Clameur de Haro , Charte Normande , & Lettres à ce contraires : CAR tel eſt notre plaiſir. DONNE' à Paris le dix-neuvieme jour du mois de Février , l'an de grace mil ſept cens cinquante , & de notre Regne le trente-cinquiéme. Par le Roi en ſon Conſeil.   M O L.

Regiſtré ſur le Regiſtre XII. de la Chambre Royale & Syndicale des Libraires & Imprimeurs de Paris , N. 430. Fol. 309. conformément au Réglement de 1723. qui fait défenſes , article 4. à toutes perſonnes , de quelque qualité & condition qu'elles ſoient , autres que les Libraires & Imprimeurs de vendre , débiter & faire afficher aucuns Livres pour les vendre , ſoit qu'ils s'en diſent les Auteurs ou autrement ; à la charge de fournir à la ſuſdite Chambre huit Exemplaires de chacun , preſcrits par l'art. 108. du même Réglement. A Paris , le 5 Juin 1750. Signé , LE GRAS , Syndic.

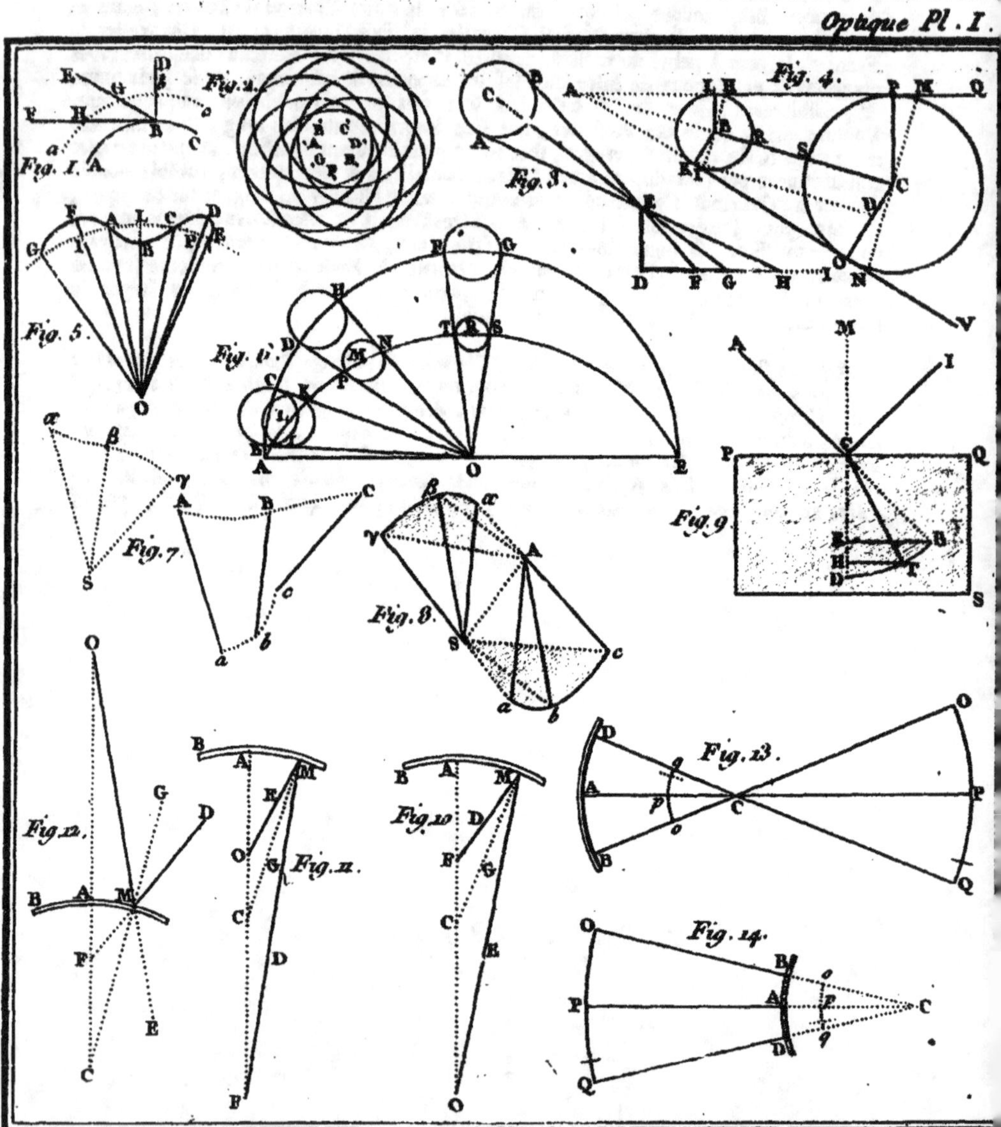

Fig. 1.
Fig. I. A.
Fig. 2.
Fig. 3.
Fig. 4.
Fig. 5.
Fig. 6.
Fig. 7.
Fig. 8.
Fig. 9.
Fig. 10.
Fig. 11.
Fig. 12.
Fig. 13.
Fig. 14.

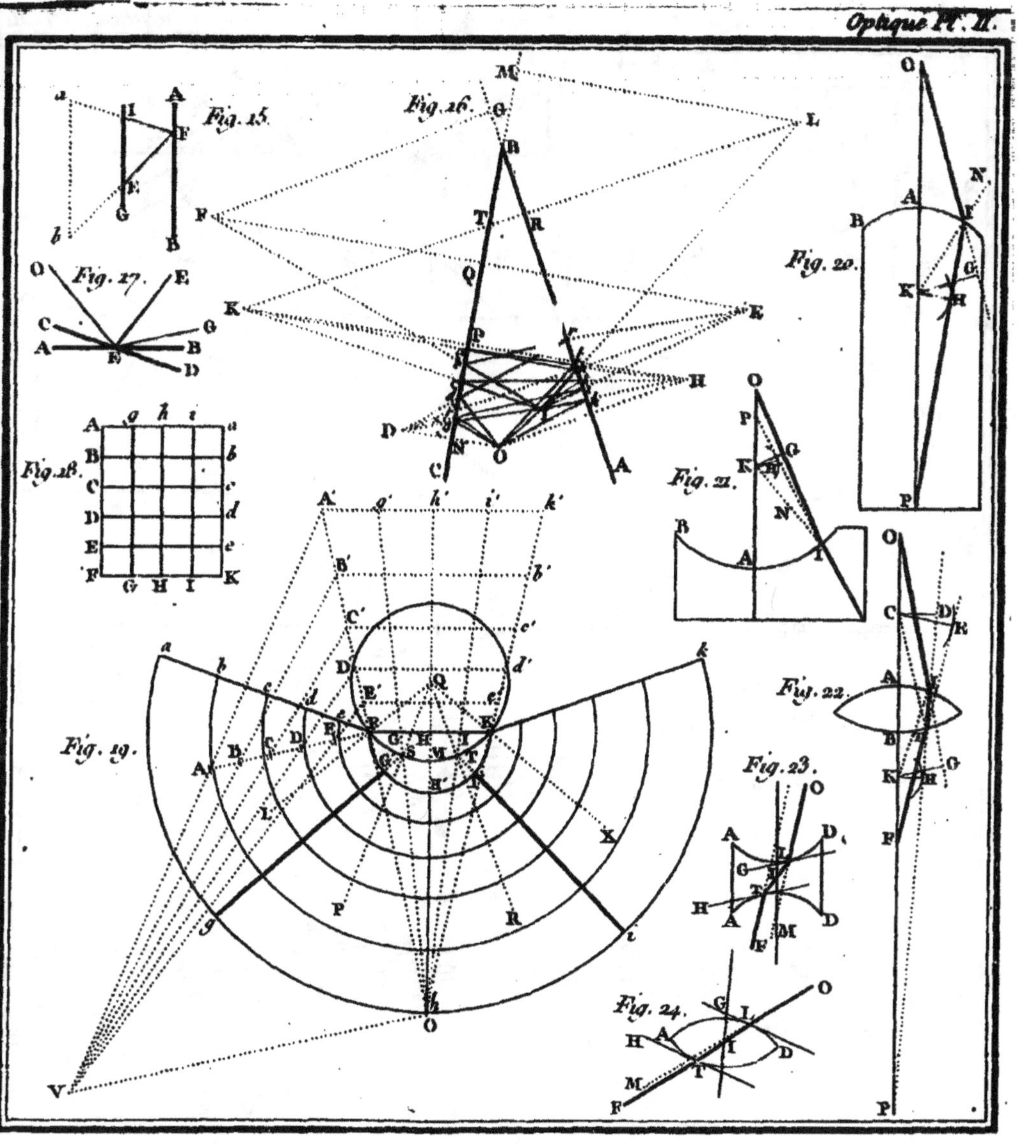
Fig. 15.
Fig. 16.
Fig. 17.
Fig. 18.
Fig. 19.
Fig. 20.
Fig. 21.
Fig. 22.
Fig. 23.
Fig. 24.

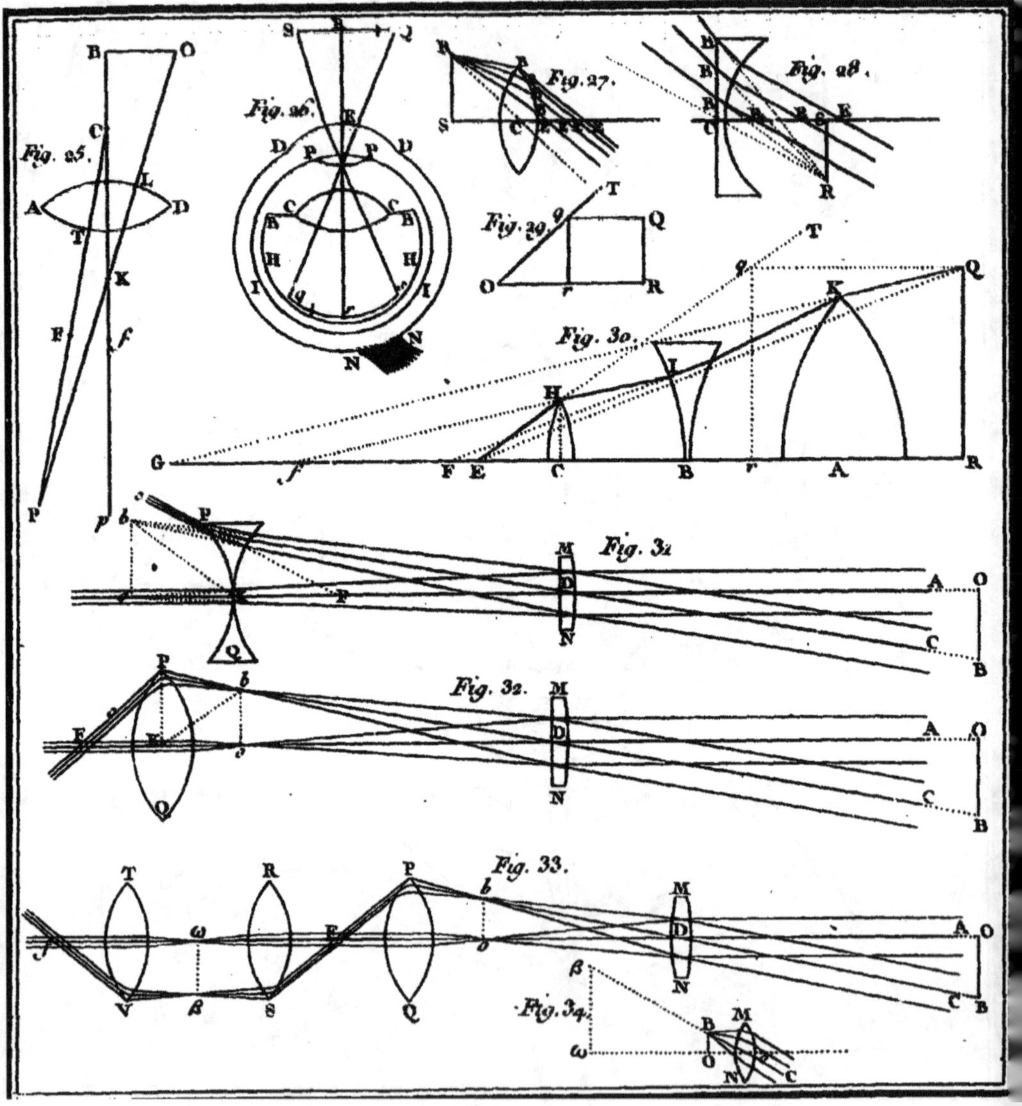

Fig. 25.
Fig. 26.
Fig. 27.
Fig. 28.
Fig. 29.
Fig. 30.
Fig. 31.
Fig. 32.
Fig. 33.
Fig. 34.

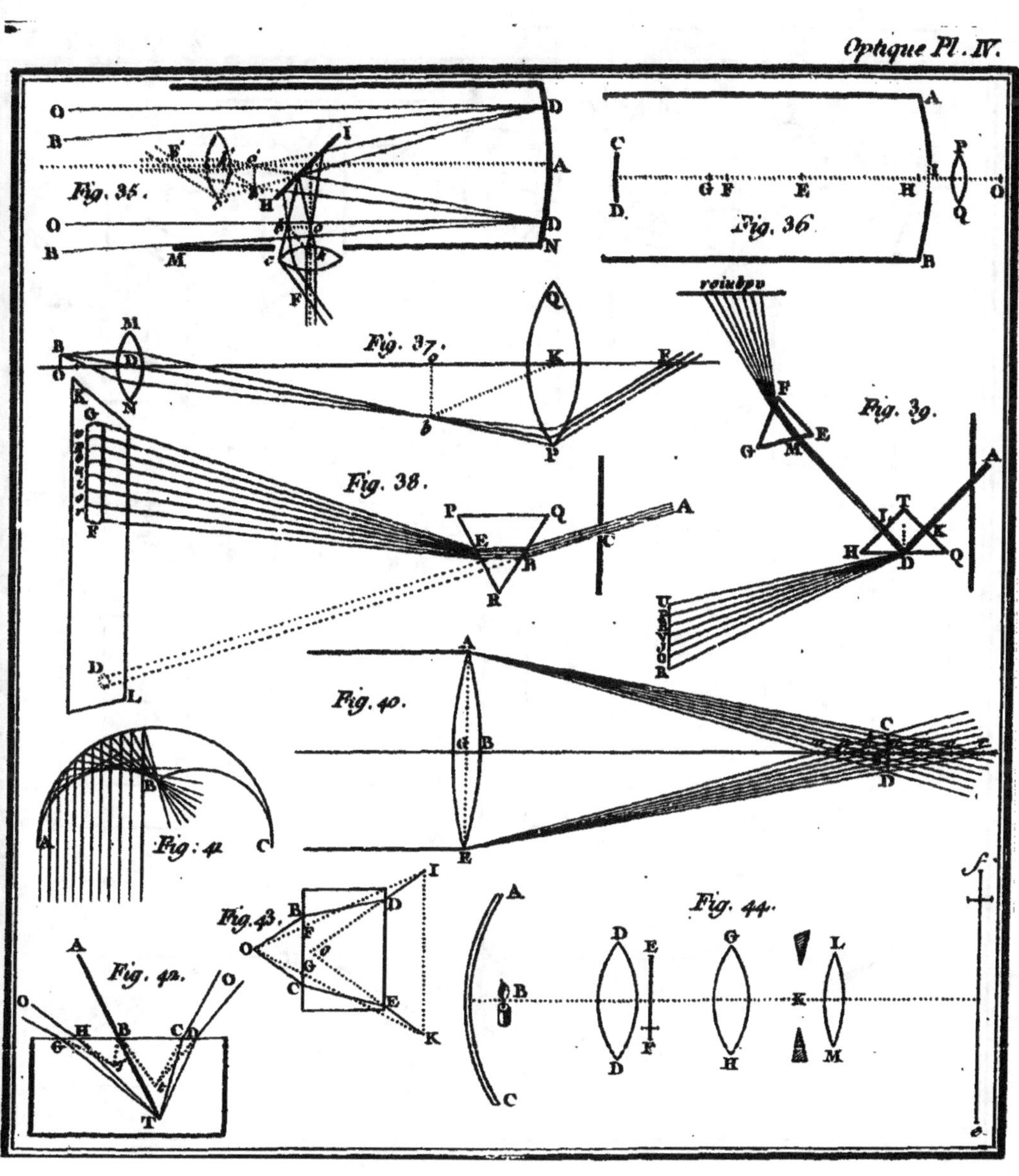
Fig. 35.
Fig. 36.
Fig. 37.
Fig. 38.
Fig. 39.
Fig. 40.
Fig. 41.
Fig. 42.
Fig. 43.
Fig. 44.

Fig. 46.

Fig. 45.

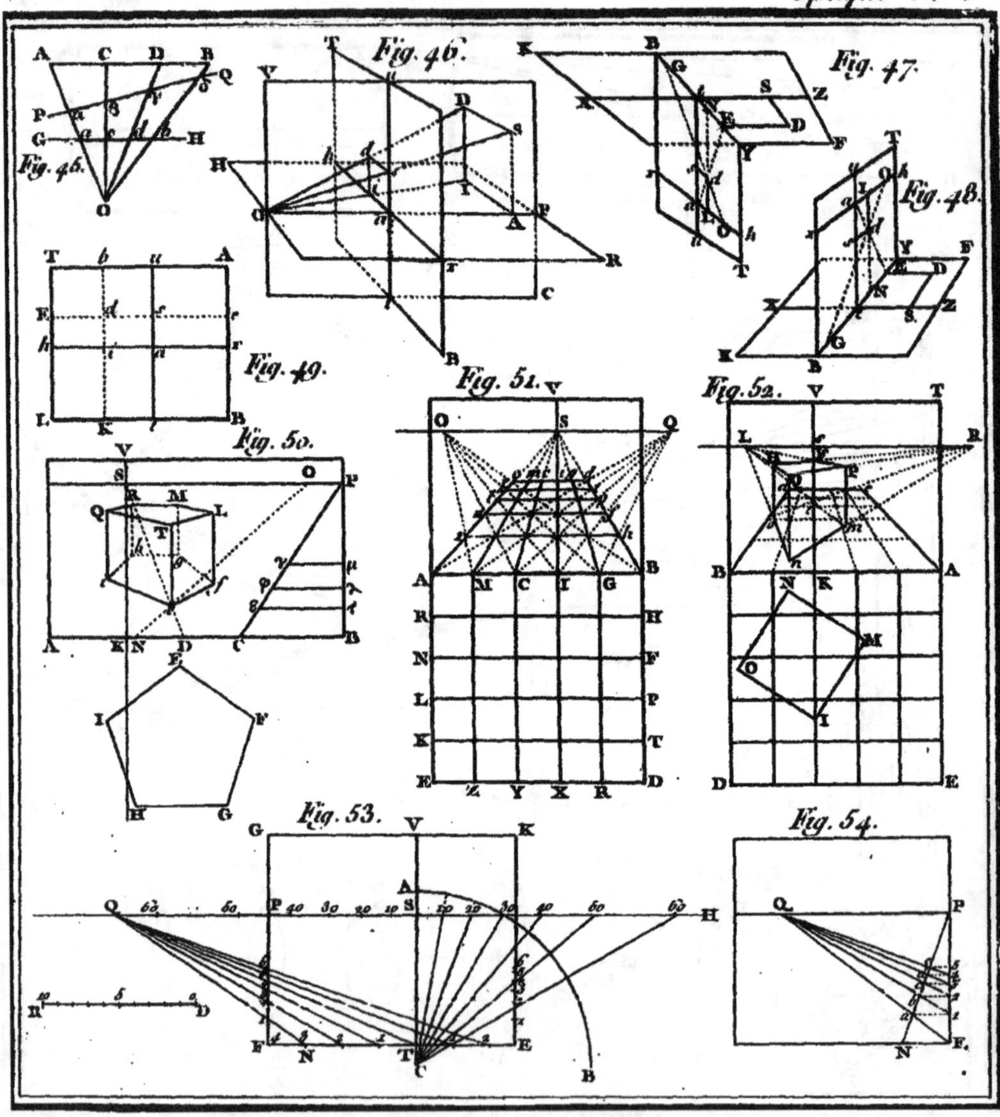

Fig. 47.

Fig. 48.

Fig. 49.

Fig. 50.

Fig. 51.

Fig. 52.

Fig. 53.

Fig. 54.

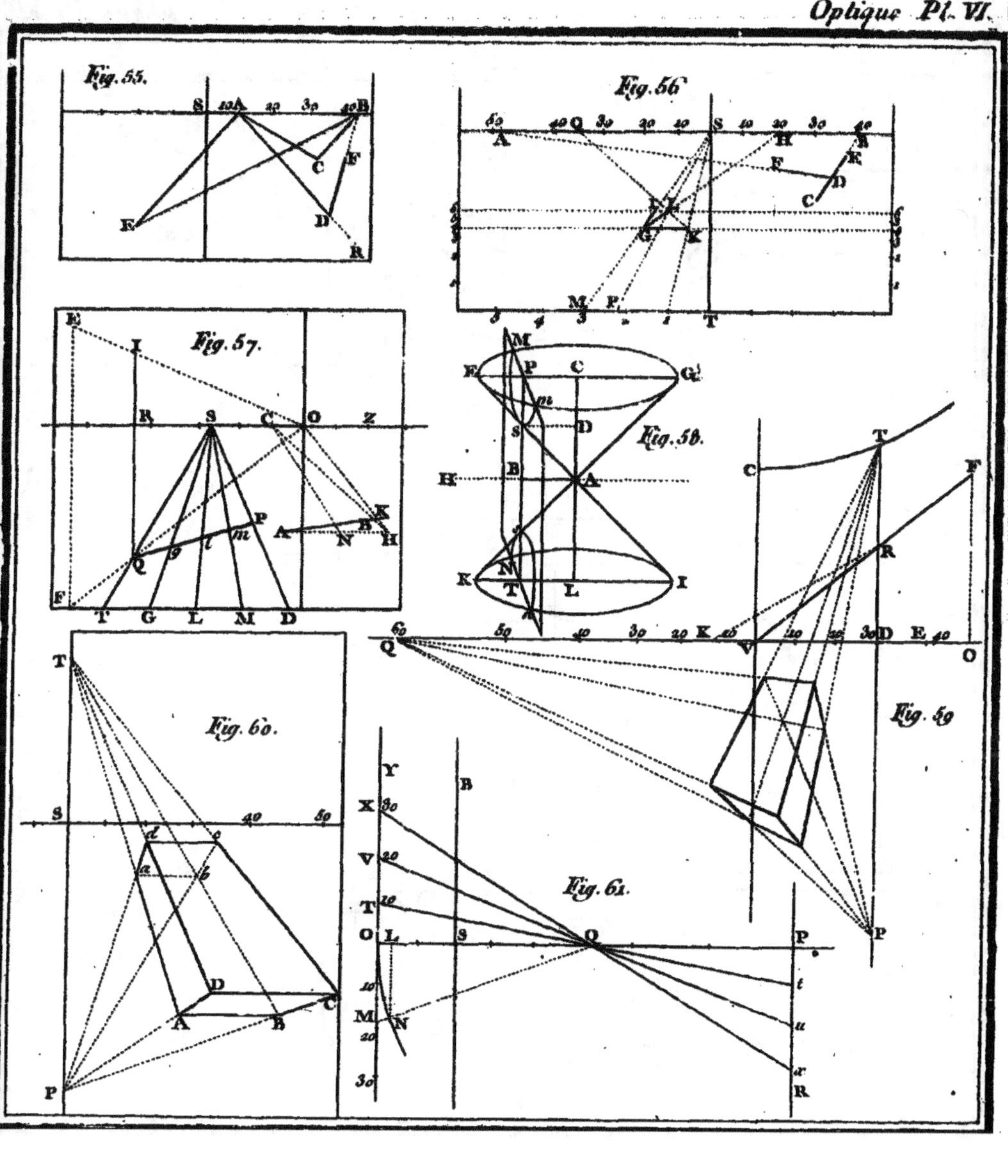
Fig. 55.
Fig. 56.
Fig. 57.
Fig. 58.
Fig. 59.
Fig. 60.
Fig. 61.

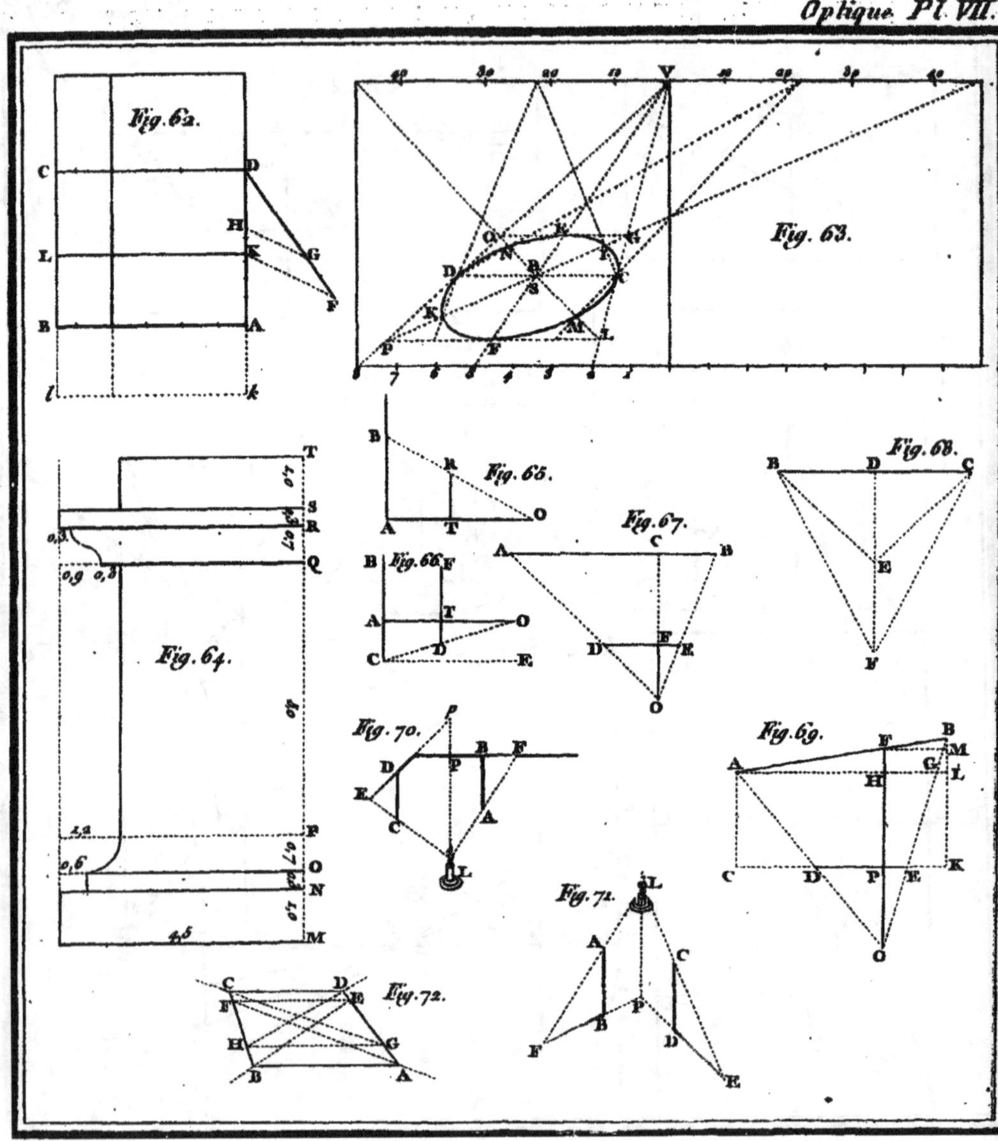
Fig. 62.
Fig. 63.
Fig. 64.
Fig. 65.
Fig. 66.
Fig. 67.
Fig. 68.
Fig. 69.
Fig. 70.
Fig. 71.
Fig. 72.

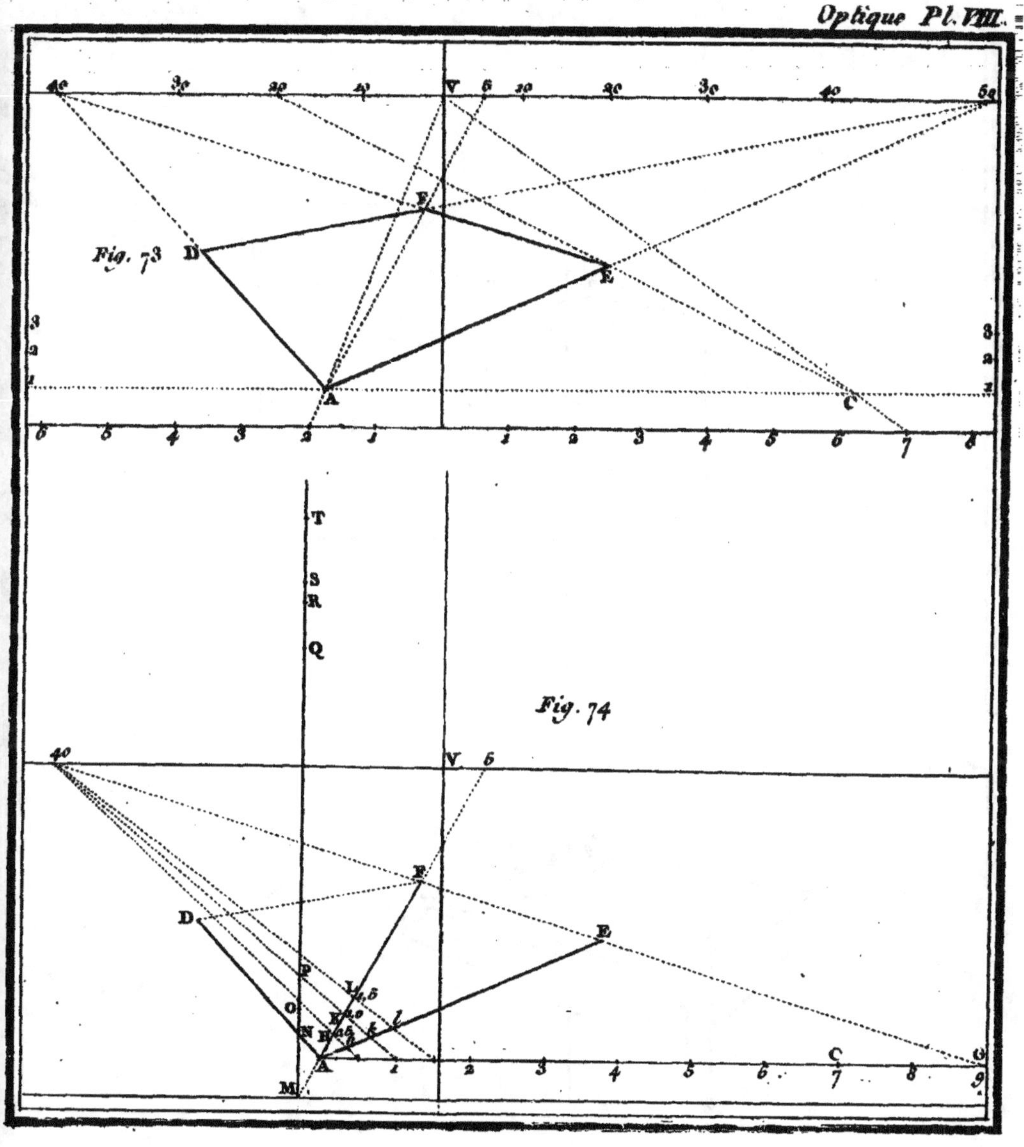
Fig. 73
Fig. 74

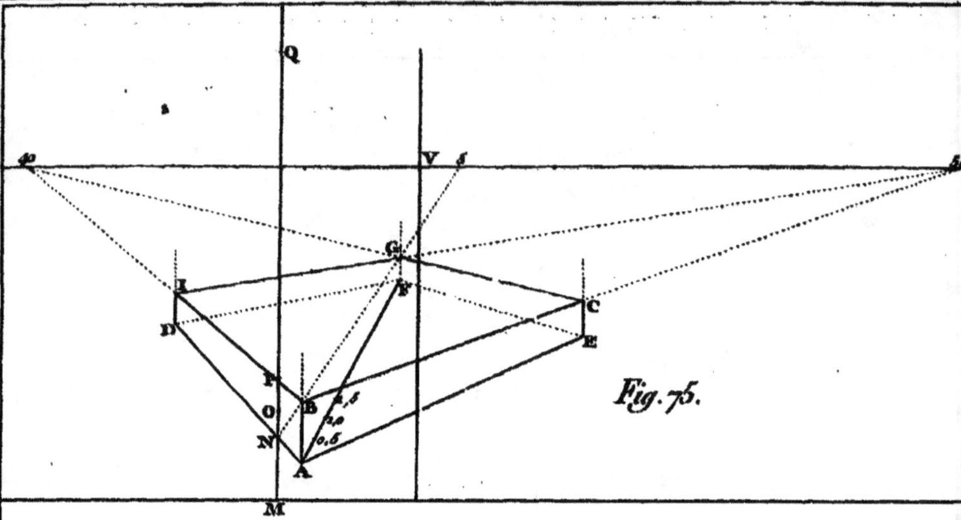
Q
V
40
5
50
G
F
I
C
D
E
P
B
O
N
A
M
1,5
1,0
0,5

Fig. 75.

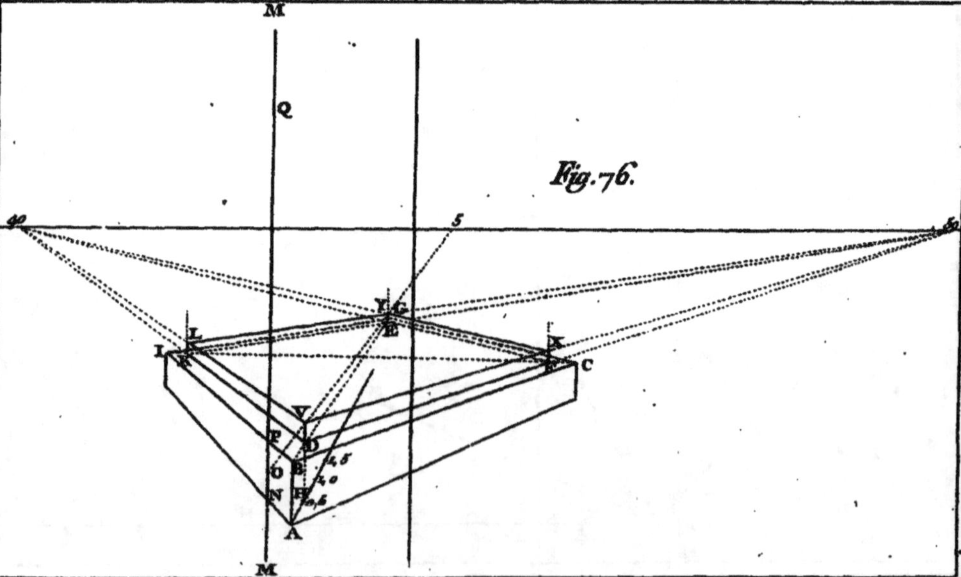
Q
40
5
50
Y
G
E
L
K
I
C
V
P
D
O
B
N
H
A
M
1,5
1,0
0,5

Fig. 76.

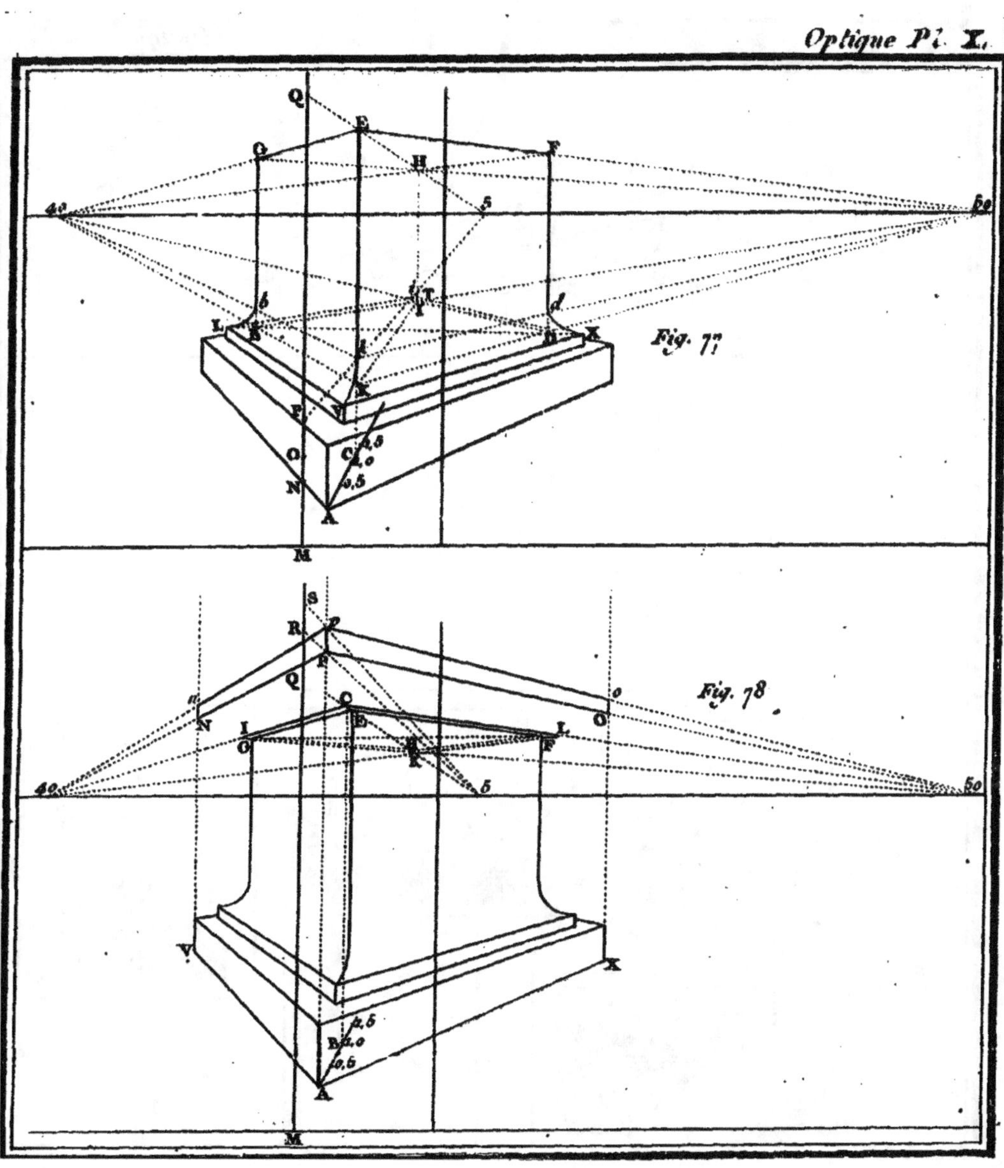
Fig. 77
Fig. 78

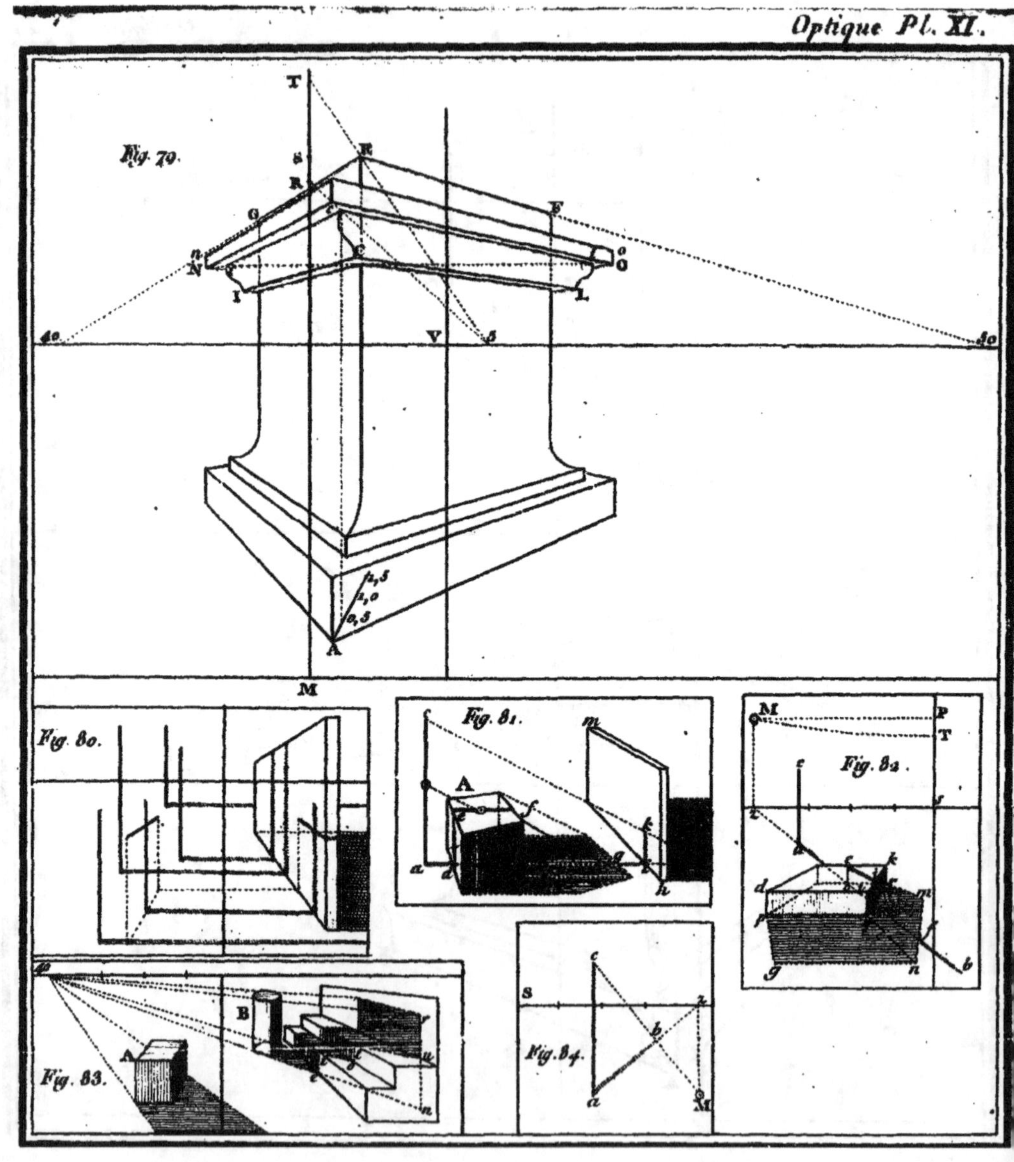

Fig. 70.
Fig. 80.
Fig. 81.
Fig. 82.
Fig. 83.
Fig. 84.

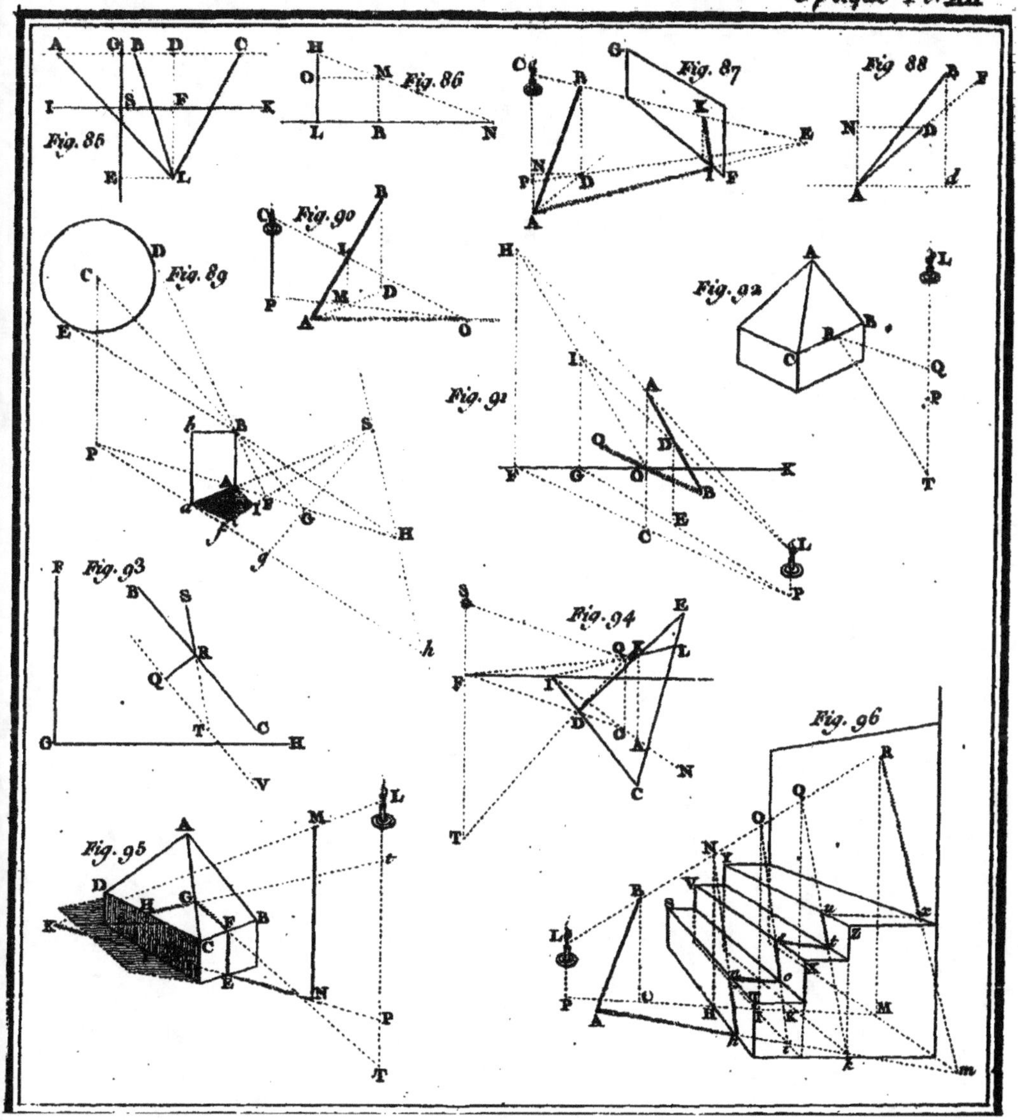

Optique Pl. XII
Fig. 85
Fig. 86
Fig. 87
Fig. 88
Fig. 89
Fig. 90
Fig. 91
Fig. 92
Fig. 93
Fig. 94
Fig. 95
Fig. 96